U0173889

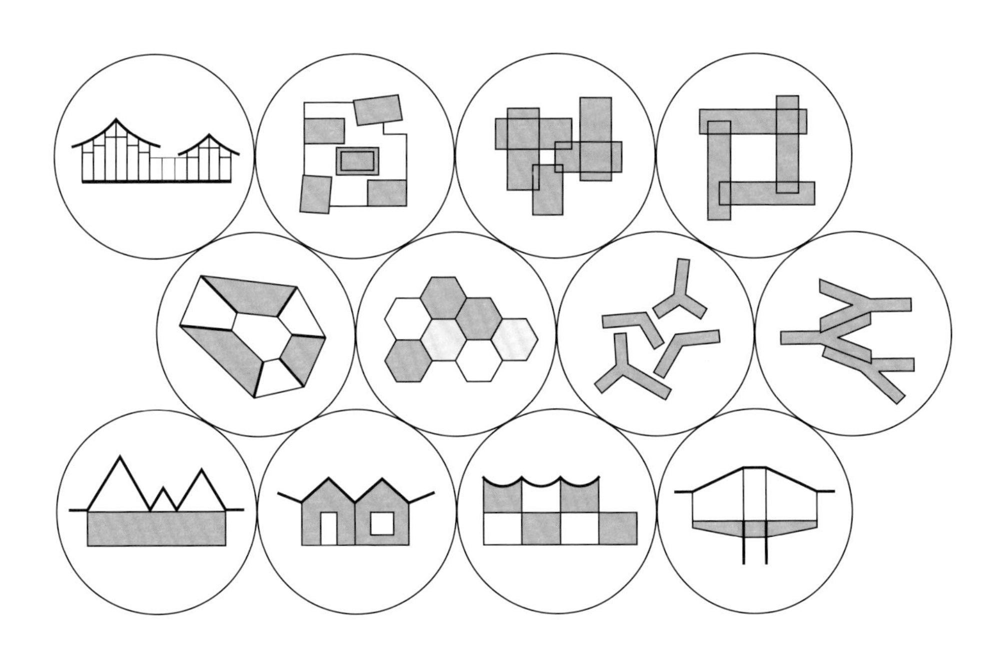

作者简介

祝晓峰，山水秀建筑事务所主持建筑师，同济大学建筑与城市规划学院客座教授兼设计导师，中国建筑学会建筑文化学术委员会委员，
英国皇家建筑师学会会员，上海建筑学会建筑创作学术部委员，同济大学建筑学博士，哈佛大学建筑学硕士，深圳大学建筑学工学士。
曾荣获 Architizer 建筑奖、Archdaily 建筑奖、WA 中国建筑奖、远东建筑奖、中国建筑传媒奖等重要奖项。其作品受到国内外专业媒体的
广泛关注，并曾受邀参加威尼斯建筑双年展、米兰三年展、东京欧亚建筑新潮流展、深圳 · 香港城市 \ 建筑双城双年展、上海城市空间艺术季，
以及蓬皮杜艺术中心、荷兰建筑学会、英国 Victoria & Albert 博物馆、柏林 Aedes 等艺术机构举办的建筑展等。

REBIRTH OF FORM-TYPE

SELECTED WORKS OF
SCENIC ARCHITECTURE OFFICE

形制的新生

山水秀建筑作品选

Scenic Architecture Office

祝晓峰　编著

上海・同济大学出版社
TONGJI UNIVERSITY PRESS

CONTENTS
目录

COURTYARD SETTLEMENT

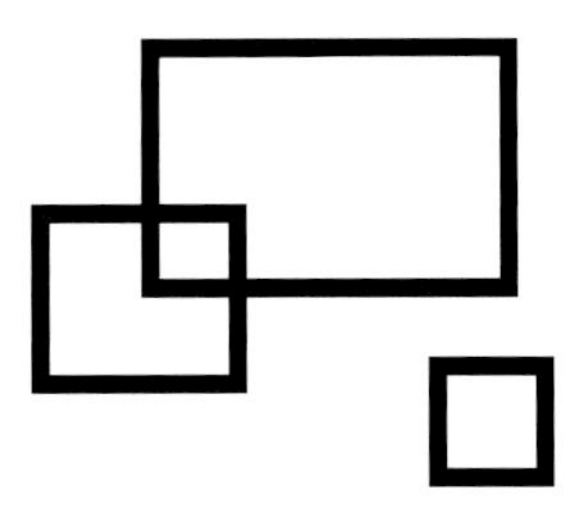

庭院聚落

FREE CELLS

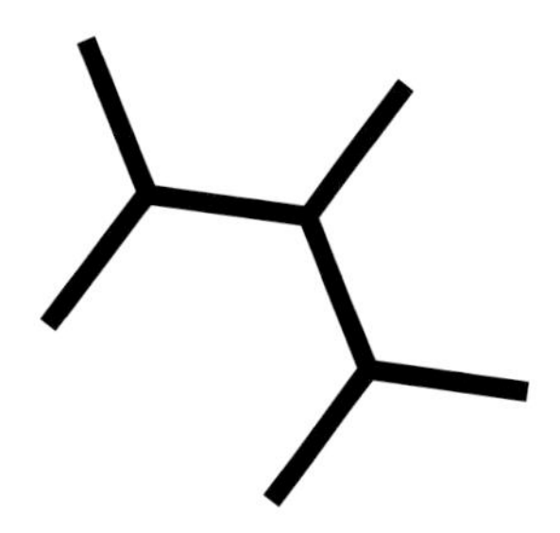

自由细胞

EXTENSION OF HOMES

家的延伸

肯尼斯·弗兰姆普敦
Kenneth Frampton
美国建筑师、建筑史家及评论家
美国哥伦比亚大学建筑规划研究生院威尔讲席教授
周渐佳
译 / 校

The Dialectical Architecture of Zhu Xiaofeng

祝晓峰的辩证建筑

在完成哈佛的研究生学业之后，祝晓峰回到家乡上海，成立了山水秀建筑事务所。三年后（2007 年），他完成了一件将江南水乡传统的山墙与经典的现代空间概念相结合的建筑作品，这件成功的作品开启了事务所的事业。位于水乡朱家角（也称上海的威尼斯）的胜利街居委会和老年人日托站传达出强烈的文脉特质——不仅有传统山墙那种双坡、翘曲的轮廓，也有叠落的木构架，以及与形式融为一体的、凸出的圆柱形檩条。这种传统意象被支撑屋顶的微微收分的圆柱形木柱、通高的木立樘以及垂直向的格栅进一步放大，朝向运河的两个半屋顶立面也是由立樘和格栅确立的。与这一形制相得益彰的是大量通高的格扇旋转木门，它们将老年人食堂、娱乐室与主庭院分隔开来，四个角上的四根纪念性柱子确立了主庭院的地位。

这次实践中有两个典型的特征：首先，单元空间迷宫般并置，尽可能消解走廊；第二，采用的建造方法极为节制，所有元素都用一种手法刻画，既有技术上的创新，又有美学上的意味。这种双重感知在这次早期工作中已然成形：首先，木屋架的表达方式直接取自长三角的江南传统；其次，屋面覆盖采取了特定建造顺序，即以传统的望砖作为暴露的底部天花，上面采用必要的保温层和防水层，最后用当地传统的青瓦收尾。

山水秀对迷宫的兴趣分别在三件作品中得以彰显，这三件作品都是 2008 年至 2016 年在上海设计并实施的：朱家角人文艺术馆、格楼书屋以及上海浦东新区青少年活动中心及群众艺术馆。格楼书屋坐落在一片青翠的土地上，靠近一条废弃的铁路线，俯瞰水景（黄浦江）。它是钢结构建造技术的杰作，而对钢结构的处理又是极为非物质化的，四块双向悬挑的平台由垂直的、用来做次分隔的网格“书架”支撑。这样的“书架”一共有 11 片，围绕着一部居于中央的折跑钢楼梯呈风车状展开。除了由不锈钢网填充的 20 毫米间距的栏杆扶手以及通高铝框落地玻璃，整栋建筑的完成面都是温暖的自然材料，即竹木铺地和 20 毫米深的竹木格栅天花，450 毫米厚悬挑平板的边缘同样用竹材处理，楼梯上外露的表面亦然。分隔空间的垂直向钢格板用深灰色聚氨酯丙烯涂料涂刷。另一个超常之处是所有机电设备、排水系统等都被整合到钢格平台的厚度中，这对于一个全面预制化的建筑系统而言是一种创新和完善。这座建筑一方面受到荷兰新造型主义的启发，另一方面受到密斯·凡·德·罗在第二次世界大战后作品的启发，还受到日本极简主义的微妙影响。它面向东南、西南江景以及城市的凸出屋顶，实际上变成了观景台，在这里可以享受书店所在公园的繁茂美景。从地面贯穿屋顶的钢格书架既是装饰又是结构，多半空置着，旨在诠释空间的连续性。对中国的年轻人而言，这无疑又是一个全新的、日趋知名的打卡圣地；他们是中国相对富足的一代，且人数仍在持续增长。他们来到这里闲逛、思考、晒太阳，或者时不时地听一听在楼梯上举办的即兴讲座。至少现在看来，书还是书，只是看起来有些不经意——它们以一种装饰或者渲染气氛的姿态，随机地出现在自由环绕中央楼梯的钢格架上。

按照山水秀的作品年表，下一件代表作出现在 2010 年代后期。那就是自 2016 年启动、2021 年竣工的位于上海浦东新区施工建造的青少年活动中心及群众艺术馆。这里开放式的平台结构紧邻大卫·奇普菲尔德（David Chipperfield）建筑事务所设计并计划同期建造的浦东新区城市规划和艺术中心。

它可以被视为格楼书屋在空间逻辑上的延展，比如由方形钢柱柱网支撑的钢构平台整合了各种设备，间或出现的 Y 形复合柱成功地塑造出高低变化的、开放的“空间架构”。由事务所撰写的文字简明扼要地描述了设计的整体策略：

> 这些平台构成了两个套接的“回”字形庭院结构，西侧庭院对接地铁广场，主要容纳千人剧场和群艺馆；东侧庭院为绿地环绕，主要容纳青少年活动。平台间的重叠和连接激发了不同区域和功能之间的交流互动。其中，花园平台跨越河流，联系河道东西侧的大堂，成为公共动线的主干；青少年活动中心和群艺馆的平台则在 2 层至 4 层纵横交错，提供了众多室内外的共享空间。这一设计释放了建筑底层，在图书馆和规划馆之间形成了开放畅通的户外场所，成为整个文化街坊步行网络的中枢。

我第一次注意到山水秀，是震撼于他们在大沙湾海滨设施中展现出来的、典型的构成主义特质，这个项目位于连云港的一座岛屿上，建造这座颇为壮观的建筑只花了短短两年的时间（2007—2009），层层叠叠的倾斜混凝土平台从最高的山脊上跌落而下，一路向视野绝佳的海岸延展开来，其上尽是宜人的沙滩。无论以怎样的标准来看，这都是一个极为大胆又壮观的设想，而这位年轻的实践者却能以非凡的魄力与自信去付诸实现。本质上，这又是一个“平台”方案，有时这些平台的厚度达到 4 米，其中容纳了住宿设施；有时则是交替倾斜的屋顶，而整体是一连串嵌入山体粗砺岩壁的挡土墙；这些平台的深度从 1 层到 3 层不等，不断变换。每一个“厚实”的平台都能俯瞰大海，于是它们体量中的各种餐厅、咖啡厅、酒吧也都享有同样的景观。钢筋混凝土被选为建造这个“克莱因瓶”[1] 的基座/屋顶的基础材料。同时，构成主义贯穿了整个细部设计的句法，从金属网到不锈钢扶手，从圆形立柱再到给整个观景台构成加冠的幕墙；这种建构语言被延续到室内，大面积通高钢框平板玻璃与等大的通高玻璃砖墙两种开窗法交替出现，玻璃砖墙有时面向走廊，有时面向男用淋浴设施。事务所的描述显示了材料使用的感性意图。如建筑师所言：

---

1 译者注：在数学领域中，克莱因瓶（Klein bottle）是指一种无定向性的平面，比如二维平面，就没有“内部”和“外部”之分。在拓扑学中，克莱因瓶是一个不可定向的拓扑空间。

淋浴间外墙采用双层玻璃砖，其间设置淋浴水管，在保证隐私的同时提供充足日光，给淋浴的体验带来乐趣。内隔墙也采用双墙，在中空部分设置给排水管道。淋浴产生的热气通过外墙上的高侧窗或屋顶通风空腔排出。

另外两种同样富于触感但完全不透明的材料也有着淋漓尽致的表达。首先是整个作品中随处可见的木铺地，还有或平或斜的屋顶完成面；生养绿植的土壤由混凝土超级结构，或者由漂浮在金属托梁上的防腐木地板承托着；其下方是混凝土楼板顶面的一套保温、防水复合系统。从很多方面来看，这个非凡的全景式设计可以被视为对 19 世纪温泉浴海滨传统中滨海大道和木浮桥语汇精巧的、超现代的延伸。除了对早期先锋主义的参考，这件作品也可能暗中受到安藤忠雄淡路梦舞台（一座建造在废弃场地上的综合体）的启发。同时，一如山水秀的其他作品，大沙湾海滨设施中有着对自然或公开、或隐秘的借鉴。正如建筑师所作的诠释："海浪的断面是动态的，前后的波浪总是在相互追赶和交错。为了给建筑注入海浪的活力，我们将更衣室、餐吧、客栈三组功能分别植入三个 Y 形单元，让它们自由地搭接在一起，向不同方向和高度延伸，形成了连续交错的动线和多样化的户外空间。"这里又是对 18 世纪末法国的建筑概念——言说建筑的意外回应[2]。

普世的现代性与长江流域的传统之间存在着极大的张力，如果沉迷于以迷宫方式任意叠加空间细胞，会导致过度的装饰性，有时可能使得这种张力难以化解。这一令人抱憾的症结终于在一系列层叠起伏的屋顶中消失了。

这些项目是紧密关联的——从精彩的云锦路活动之家（2014/2018），到川杨学社和东原千浔社区中心（2016/2017），这条丰饶的线索目前抵达了 2016/2017 年间的深潜赛艇俱乐部。在云锦路的项目中，建筑的肌理与线性公园密不可分。这个公园建在黄浦江西岸废弃的机场跑道上，被称为"活动之家"的公共设施包含了三种独立的功能——靠近地铁的咖啡店、社区活动室和餐厅，都采用了视觉上一致的"多折屋面"结构系统。这个作品中引人注目的特质在于，结构模数与景观模数是如何有韵律

---

2 译者注：言说建筑（architecture parlante）指的是建筑能通过自身的形象解释自己的功能或特征。这个词语在法国大革命时期出现，代表人物是勒杜。

地结合在一起，以及它们如何共同组成了线性连续的一部分。除此之外，多折屋面系统贯穿于项目始终，事实上，那是一个由四个不同部分组成的、相互关联的建造系统——较深的钢筋混凝土基础、灵活布置的 200 毫米厚混凝土剪力墙、横跨墙体的钢格桁架，以及由保温和石膏板吊顶组合而成的立边咬合钛锌板坡屋面系统；每隔一段距离会引入半模数的折板屋顶，让断面成为整个线性系统中变化的切分符。折板外沿的悬挑进一步强化了系统的线性特征，而景观绿地、密集种植的低矮灌木和花池一起，与整个方案相得益彰。天窗与墙间窗中 Low-E 玻璃的使用，与木地板和木窗的使用一样令人信服——它们为多用途的室内环境平添了温暖与优雅。在这类单层建筑中，把空调管道和设备整合进建筑所在的混凝土基础的连续断面中是很明智的。折板屋顶以“滑动”的山墙收尾，无论在室内还是室外，多变的墙间窗以及钢桁架屋顶在各个建筑末端的出挑都尤其令人玩味。无论以何种标准来看，这都是晚期现代的杰作，它有着技术上的优雅、设计上的逻辑感、美学上的有效构图，以及与景观边界的委婉结合。

在这个系列中，东原千浔社区中心明显受到路易斯 · 康的金贝尔美术馆的影响，在苏州这座因迷宫般的园林和庭院住宅而闻名的城市中，它由形似折板的屋顶覆盖着，坐落于运河边一块基地的角落里，旨在为临近的联排住宅提供社区服务。事实上，覆盖它的不是折板屋顶，而是被倒置的钢筋混凝土筒壳。一如之前的两个作品，自由分布的山墙支撑着浅浅的倒置拱顶，如此设计结构是为了有足够的深度和强度来承受最长的跨度。按照建筑师的说法，一系列起伏山墙的外轮廓试图唤起无处不在的水乡氛围，也回溯长三角东南部的传统建筑式样。加肋的镀锌金属板包覆着倒置的筒壳，在筒壳的轴线上形成一条连续的天沟，雨水在这里汇聚。

如果说东原千浔社区中心直接受到了康的金贝尔美术馆的影响，那么位于上海市中心附近、隐匿于浦东世纪公园一片树林景观中的深潜赛艇俱乐部，则与芬兰后阿尔托一代的“剥离性建筑”（Exfoliated Architecture）[3] 有着异曲同工之妙。如同云锦路上的建筑群，多折屋顶是首要的表现元素；在这一点上，祝晓峰的作品似乎在不经意间参考了戈特弗里德 · 森佩尔写于 1851 年的《建筑四要素》。森佩尔把屋顶和土基（earthwork）这两个最基础的对比放在首要位置，但是在这里，山水秀更像是在水中建造，

3 译者注：指的是埃尔基·凯拉莫（Erkki Kairamo）、尤哈·莱维斯卡（Juha Leiviska）和佩卡·海林（Pekka Helin）的作品。

所以把后一项视为“水基”（waterwork）更为准确——两对钢柱通过两组六根钢管桩将建筑主体的钢框架悬挑结构锚固入河床。这个覆盖在划船机练习室上的主屋顶随后衍生出一个平行的次级缓坡钢构屋顶，覆盖了入口、更衣室和淋浴间。这些条形的非对称双坡屋顶又衍生出同样条形序列下的非对称独立艇库，由纤细的钢架承载，这让我们看见建筑从主屋顶向森林中逐渐消解的过程。类似的非物质化也在脚下发生，艇库之间的一条不锈钢格栅通道优雅地放置在湿地中的混凝土块上，使得植物、小动物能和人类的正常活动共存。独立棚架的线条与森林交织着，人们将赛艇卸下，运送到下方的水中，棚架的线条和赛艇都在岸边缓缓消失。这曲交响乐的最后尾声是木板搭建的运动甲板、坡道和伸向河面的下水平台，它们与立边咬合的钛锌板，以及沿着各种棚架檐部分布的漆成白色的纤细钢结构形成了强烈的对比。绿色的森林衬托着灰色的屋顶和白色的屋檐，这是一曲多彩的交响乐。

以这样一个轻盈的、带着崇高生态理念的钢结构作品作为山水秀建筑十五年实践的高潮再合适不过了，这件优雅的作品使祝晓峰的职业生涯进入了一个恰如其分的渐强篇章。作为建筑师，祝晓峰不会被读者和业主遗忘，他用恰当的方式将形式建造落地，同时兼顾诗意的潜力与技术的效率；他始终将建筑学置于两重辩证的界面之中，首先是自然与文化，其次是现在与过去，反之亦然。

2020 年 5 月

伍江

同济大学常务副校长、建筑学教授
法国建筑科学院院士
亚洲建筑师协会副主席

The Integration of Thought and Practice

交织的思想与实践

2004 年，祝晓峰从哈佛大学 GSD 毕业归来；其后不久就创立了山水秀建筑事务所，很快便以富有江南水乡特征又充满新意的作品在中国建筑界崭露头角，获得国内外关注。之后又以一系列不断创新的作品，成为当代中国“新江南”建筑风格的重要代表。第一次让我对他产生深入认识的作品是朱家角人文艺术馆，当时的我立刻被他明快简洁、极富现代感的“新江南”风格所打动，因为我一直坚定地认为，探索传统与现代的结合是一条无比宽阔的当代建筑之路，而在我心目中，朱家角人文艺术馆正是走在这条宽阔大道中央的作品。

正当我期盼着他在这条道路上有更多、更好作品推出的时候，2012 年，祝晓峰却又一次以一个完全不同的风格惊艳中国建筑界——悬浮在树丫之上的谷歌创客活动中心，让他再一次在国内外名声大振。我强烈感觉到，祝晓峰并非一位“风格建筑师”，他并不在乎自己头上已经拥有的、已得到业界内外认可的“风格”；当他在某种特定条件下产生了某种灵感的时候，他会义无反顾地抛弃他已被认同的风格。我认为，这是一位真正优秀的建筑师所应该具备却又难以具备的专业品质。

后来我又发现，祝晓峰是一名有思想的建筑师，在设计创作过程中他更愿意思考隐藏在作品背后的哲学逻辑。他不仅关注建筑的形而下意义，也（甚至更）关注建筑的形而上意义。机缘巧合，这一年他成为我的博士研究生，使我们有了更多一起探讨建筑理论问题的机会，也使我有了更多从他的作品中追溯其创作思想的机会，从而一道探索当代建筑的本体（本质）问题。在我们的学术研讨中，建筑与人的关系始终是核心的核心。我们坚定地认为，离开了人，建筑就毫无存在的意义;但反过来，离开了建筑，人又会如何呢？建筑之于人的意义究竟是什么？

渐渐地，祝晓峰的思路越来越清晰——将建筑视作人的延伸。如此看，不论是身体还是思想层面，建筑成了人的一部分。

正如祝晓峰所说，当下的时代是一个充满不确定性的时代；人类正面临从未遇到过的巨大挑战，也面临科技快速发展所带来的无限可能。建筑在应对这种挑战时所显示出的作用似乎越来越微不足道，传统建筑学似乎正逐渐失去其哲学意义。与此同时，我们的生存环境却又越来越多地被我们所建造的环境、建筑物包裹，无人可逃脱。人类所建造的环境在不断塑造着人类自己。对于建筑本体（本质）的再认识，不仅可以帮助建筑师正确理解自己的职业意义，更好、更专业地回应时代的挑战，也可以帮助人类真正理解人与其生存环境之间的相互依存、互动和共体。

正是带着这样的思考，祝晓峰的建筑创作活动挣脱了许多羁绊，愈发进入相对自由的境界。不论是在华师大附属双语幼儿园，还是浦东青少年活动中心及群众艺术馆中，我们都可以看到他对建筑形体的随意捏拿和对建筑空间的自由塑造——在这里，建筑空间完全显示出作为“人的延伸”的意义。

在这部作品集中，祝晓峰收录了 12 件代表性建成作品，既全面展示了他十多年来的建筑设计探索过程，也深刻反映了他在建筑设计过程中对于建筑学本质的思考过程。值得读者关注的是，他的这部作品集和他的博士论文《建筑作为人的延伸：论建筑演化的三个基本途径》几乎同时完稿，理论思考和设计实践在祝晓峰身上相互缠绕、互为映衬，这对一位建筑师而言是极为难能可贵的。作为他的博士导师，我为祝晓峰的成就感到由衷的高兴和骄傲。祝他在今后漫长的职业生涯和学术生命中不断放射出更加耀眼的光芒！

2021 年 1 月

李翔宁
同济大学建筑与城市规划学院院长
建筑学教授、博士生导师
建筑评论家和策展人
《建筑中国》杂志主编

From Jiangnan Aesthetics to an Architecture of Embodiment

—The Practice of Scenic Architecture Office

从江南意匠到体现建筑[1]

——山水秀的建筑实践

当代中国经历了近四十年高歌猛进的跃迁式的发展，与之相伴的是当代中国建筑师们自我批判意识的觉醒与逐渐明晰的实践道路的选择。我们可以观察到两种有着明确差异性的实践方向：一方面是对西方现代主义语言的移植与转化，并试图补上中国滞后的现代性启蒙。这反映在对勒·柯布西耶、

1　体现建筑，Architecture of Embodiment。Embodiment 一词来源于梅洛 - 庞蒂的现象学理论，也翻译为具身化或具身性。此处的体现建筑指的是建筑空间体验和认知的具身性。

路易斯·康、阿尔瓦·阿尔托等现代主义大师作品新一轮的学习与诠释的热潮；另一方面是源自中国传统的建筑文化，中国从未真正断裂的价值观照、形式语言与空间类型的解读与再造。毋庸置疑，能够将两种方向有机地编织在一起，并努力探索自己的独特语言与思想体系的建筑实践尤为难得。山水秀的主创建筑师祝晓峰的实践正在这条道路上不断迈进。如果说现代建筑在中国的启蒙伴随着一个西方化的历程，那么梁思成的同代人在将西方的现代建筑教育带到中国的同时，也带来一种对中国传统建筑形式的批判性继承。

在作品集中，祝晓峰将 17 年来完成的建筑项目分成了三类：庭院聚落（courtyard settlement），自由细胞（free cells）和家的延伸（extension of homes）。这样的划分，与其说是出于建筑形态的考量，毋宁说是对设计策略的呼应。

设计策略，首先体现出对所在地的“景”的充分尊重和积极利用。景，成为设计策略的核心之一。Scenic，不仅有“自然的优美”之意，同时还有“布景”和“戏剧性”之意，建筑师选择这个词语——“山水秀”（Scenic）作为事务所的名称，已经透露出对“景”的思辨和执着。“景”包含了自然地景和人文景观，更进一步地，隐藏在“景”背后的，是传统与当代的关系。

建筑师在空间组织方式、材料选择、色彩配置、建造方式等几个方面，尝试将地方文脉与当代设计语言相结合。在作品中，合院、屋顶、白墙黛瓦常常以异于传统的方式呈现，表现出一种在熟悉与陌生、规则与不规则之间的反转和切换，诠释对“景”的理解，完成对“景”的营造，进而书写传统与当代的对话。

在中国南方的深圳大学完成本科学习后，祝晓峰留在学校设计院工作了三年并教授设计课程。1997 年他进入哈佛大学设计研究生院学习，1999 年毕业后在纽约的 KPF 事务所工作了 5 年。20 世纪末的中国建筑还更多停留在对西方建筑的学习和模仿，也许在哈佛的学习正可以帮助他和当时的中国建筑潮流保持一段距离，让他更加意识到中国建筑文化的价值。正如当年贝聿铭先生在 GSD 的毕业设计采用中国传统的院落形式完成了为上海设计的艺术博物馆，这些早年对中国传统的思考直到多年后才有机会实现。然而真正将祝晓峰的实践和中国传统建筑的空间类型与文化气质联系在一起的，还是他回到上海后最早在上海郊区青浦和嘉定开展的实践。

正如我在 2013 年为香港 · 深圳城市 \ 建筑双城双年展策展的“青浦嘉定实践”中所呈现的，在那个特殊的时刻，上海和纽约一样，拥有傲人的金融资本，但在建筑上更追求商业回报的理性而不鼓励青年独立建筑师们带有原创和革新的建筑实验。所以当时包括大舍、致正在内的一批年轻事务所缺乏在上海城市中心建造的机会，而在更为偏远的郊区青浦和嘉定一带完成了一系列更少行政意志干涉和约束的作品。这些作品让他们可以崭露头角，为国内外的展览和媒体所关注。正是在这个时期，江南一带灵秀的山水和乡土建筑白墙黛瓦的庭院意趣或多或少在祝晓峰的实践中留下了某些印记。中国建筑的传统更多的是以一种江南的地方性特征呈现，或者说被称为“新江南水乡”的风格正是那一时期实践的指代。

胜利街居委会和老年人日托中心是一个以传统的木构系统为基本建筑组织结构的作品，木梁柱和檩条的系统基本上是对传统体系的转译和现代化，建筑的用色也完全融入周围的历史环境之中。而那一时期的另两个作品朱家角人文艺术馆和金陶村村民活动中心虽然呈现出传统元素的影响：坡屋顶、白墙、木色墙面的穿插，但现代建筑语言的植入使得和传统的建筑样式有了距离：朱家角人文艺术馆将白色抽象的现代主义语汇与江南民居的白墙灰瓦嫁接，将砖墙面与木门窗所组成的建筑界面强化到整个立面的尺度。当然，两个建筑在类型学上呈现了两类当代建筑的特征：一是迥异于传统江南民居在城市或村庄肌理中藏和隐的气质，两座建筑都是公共建筑处于广场或开放空间的视觉中心，从而建筑的各个立面都要精细推敲；二是随之而来的对院落的当代转化，不再是外围建筑把院落包裹在内，而是院落完全成为和城市空间交融的中间介质。

在金陶村村民中心中初次显露的对多边形、分叉和蜂巢形的兴趣后来发展成为谷歌创新社区中心和华东师范大学附属双语幼儿园两个项目。这两个建筑从类型学上恰好是六边形延展结构的图底关系对应的范式。谷歌创新社区中心以条状的体量延展穿插于环境和树木之间，建筑力图消解自身的体量感，空无（emptiness）成为追求的目标。低层镜面玻璃的反射强化了建筑的虚，似乎整个二层建筑漂浮在空中。建筑立面扭转的金属条带使得建筑的体量感进一步被消解为二维编织的平面感。而华师大附属幼儿园则是反其道而行之，建筑呈现为六边形蜂巢状单元的重复叠加与组合，建筑的色彩是明快的白墙与原木的叠交。一个有趣的差异是路径的设计上，在谷歌创新社区中心 Y 形结构中路径是最小化的；而在幼儿园六边形实体围合成的庭院中，贴边走的庭院回廊使得游走的路径被最大化了，这恰恰适应了幼儿园对空间趣味性和游憩的需要。

同样的单元结构出现在他为第 11 届江苏园博园设计的九间廊桥项目中。桥面由九块 4 米 ×8 米的平台，似乎是九间渐次升降的小屋连缀而成。建筑结构和单元组合的策略很好地呼应了桥对跨度、高度的要求，以及使用的复杂边界条件，在水面画出了一道凌波的曲线，灵动而舒展。建筑的结构采用悬挂的方式，家型坡顶里面藏着拱形折板桁架，悬挂着下方的九块平台，传统江南水乡中桥所承担的村落公共空间与归家的标志意象以一种当代的结构和建筑的语言被成功地再现。

浦东世纪公园青少年赛艇俱乐部和西岸的格楼书屋，也都是在独立地块或公园中：浦东世纪公园的赛艇俱乐部隐匿在河边的杉林中，水平向的空间由带采光天窗的坡屋面覆盖，亲水一侧的窗座可以向水面完全开放，这些都与传统的中国水榭建立了关联但又拉开了距离，呈现出空间原型和细部上的当代处理。同样，西岸的格楼书屋也延续了万科绿谷顶部跌落的螺旋空间逻辑，同时，在这里，透明体量中漂浮着的变成了水平向薄薄的楼板，而格构的结构成为了空间的主导命题。

在青少年赛艇俱乐部中开始探索的连续长条形空间成为祝晓峰后来一系列作品中常常使用的语言：云锦路活动之家将连续长条形的空间和简单明了的重复坡屋顶结构结合起来，创造了向长边开敞的系列公共空间。苏州东原千浔社区中心则很好地反映了山水秀当前关注的，江南山水和园林空间与现代建筑学本体的建筑命题，如结构、空间和材料的结合。这里混凝土连续筒壳的空间原型和园林中的空间序列叠加在一起，创造了一种熟悉的陌生感（strangely familiar）。一方面“深墙叠梁”支撑的反筒壳结构和建筑的功能布局很好地呼应，传达了建筑师对于结构在建筑学中重要意义的探索，另一方面是带有枯山水意境的抽象园林（规整平静的水面）、重重院落以及光影疏密的变化，体现了建筑师的江南情结。

祝晓峰设计的体量最大的两件作品，也延续着他一贯关注的条状空间的组合、院落系列的重重推进以及大大小小的屋顶的错落组合：连云港大沙湾海滨浴场是一个构成感强烈，带有巨构色彩的海边地景式建筑，层层叠落的条形体量和海浪的节奏感产生内在的契合，从而很好地呼应了环境。而浦东青少年活动中心及群众艺术馆则几乎是一个微缩的城市，不同尺度的建筑体量在不同高度的平台上参差错落。而一些小品式的双坡小建筑散落在平台上并时而被更巨大的屋顶挑檐所覆盖，创造了一种类似空中街道的意象。

这两座大尺度的建筑虽然呈现了各自的复杂性，但事实上和祝晓峰长期关注的中国建筑的价值论有关。表面上看是一些建筑的元素或者片段，诸如双坡屋顶、院落形态、梁柱结构体系，但如果把祝晓峰的作品和当年以伍重为核心之一的欧洲建筑师对东方建筑的研究相比，我们或许会领会到祝晓峰对于建筑的一种深层的思考，即建筑和建筑形制事实上是作为人的本体的一种延伸。正如他在他的博士论文中的论述，把建筑视作人的一种延伸，他通过从原始建筑和人的身体的关系，到对台湾建筑师陈其宽在东海大学校园的建造实践的研究，在已有建筑本体视角的基础上迈进一步，将建筑放在“人的延伸物”这样一个更宏观的视野中考察，探讨建筑“身心、本体、交互”三种延伸途径。

建筑脱离了纯粹工匠按照教科书式的营造法式机械化复制和生产的同时，设计的主体——建筑师的批判意识开始觉醒，来自西方的对于空间本质的认识——人的使用，成为建筑师将设计与建造视为一种智性活动进行反身性观照或者说丈量的尺度。

伴随着当代中国建筑狂飙式跃进的是建筑尺度的跃迁，正是在对“巨大”（bigness）的近乎狂热的追求中，人以自己的身体作为参照的尺度被撕扯着无处寻觅。动辄数万、数十万平方米的建筑面积，创造着快速建造的神话，然而巨大的空洞无物的空间常常成为这个时代的物质表征。在祝晓峰的作品中，也许可以寻觅到一种对身体的日常性的关照，并以此种策略创造和身体有关联意义的空间尺度，也是对当代中国巨大的尺度神话的一种有意识的抵抗。在这个意义上，祝晓峰建筑的意义就脱离了简单的对传统建筑形制的模仿与再现，而进入一种类似西方建筑理论中“体现”概念的建筑学。事实上，东方的宫殿相比西方的宫殿，即使同样宏伟高大，也采用了一种更贴近身体的尺度。在故宫中我们可以直观地观察到即使是三大殿这样的核心建筑的尺度也是从人出发，而整个故宫的宏伟则是以成百座小体量建筑通过重重院落和连廊组织而成。我们在祝晓峰的作品中，可以观察到他有意识或无意识地将单个空间的体量控制在贴近人身体尺度的两层之内，而院落和游廊的作用就成为组织空间序列的内在逻辑。事实上他的作品在这个层面上也正是对他关于建筑作为人或者说人身体的延伸这一理论的最佳诠释。

从适应地域环境的被动的江南图景的再现，到更具有主观价值判断的“体现”建筑，祝晓峰的作品跨越了现代主义建筑语言与中国传统建筑形制的分野，为当代中国建筑创造一种新的建筑文化、新的建筑传统，作出了重要的贡献。

2021 年 9 月

祝晓峰

山水秀建筑事务所主持建筑师
同济大学建筑与城市规划学院客座教授兼设计导师
英国皇家建筑师学会会员

Rebirth of Form-Type

形制的新生

21 世纪初是一个充满了不确定性的时代。环境危机、生态危机、技术爆炸，以及全球化和地缘利益的冲突成为当代地球文明的四个突出主题，所有物质的和非物质的人造系统都在面临变革，建筑也不例外。作为人类最古老的延伸物之一，原始阶段的建筑曾经和衣服、陶器、生产工具一样，只需要对自然、身心、家庭和部落作出回应。而今天的建筑所要满足的需求和欲望已经远远超出了这些基本要素。经过数千年的发展，建筑的能力在自身规律的积累和外部力量的推动下有了长足的进步；与此同时，在经济、政治、文化、技术、媒体等多重延伸系统的影响下，我们赋予建筑的使命也在不断增加。

100 年前，现代建筑运动在工业革命开始 130 年后姗姗来迟。与之相比，21 世纪的当代建筑对时代，尤其是对技术的反应速度有了明显提高，并在媒体的包装下呈现出繁荣的景象。然而，潜藏在这些景象背后的主题没有变，那就是建筑内在的固有惯性和外在推力之间的冲突。在这场冲突中，建筑与身心的本源关联被加速割裂，建筑本体的文化属性正在被削弱，建筑实践的体系也愈加为效能价值观所制约；可以说，当代建筑在与时俱进的同时，也与其他人造物一样被潜藏的技术理性裹挟，深陷新的危机之中。

2004 年，我在上海创办了山水秀建筑事务所，初衷是在我成长并熟悉的中国江南地区探索融合传统和当代文化的现代建筑。随着实践的积累和世界的变化，我开始思考这一初衷背后的实质，以及我们对待时代变革的态度，并尝试将二者结合起来，延续并更新我们实践的方向。

2500 年前，中国古代哲学家老子就在《道德经》中揭示了建筑本体的虚实两面，指明了物质、空间、人三者之间的关系；19 世纪中叶，戈特弗里德·森佩尔（Gottfried Semper）又总结出建筑四要素，建立了以人类学为核心的建构观念。这些对建筑之源的阐述坚定了我对建筑作为人类延伸物的认识。我将建筑的演化视为身心、本体、交互三条途径共同作用的结果。身心是一切人造物的起点，人类的任何建造都来自身心的需求——小至个人、家庭，大至社会群体，人的身心是使用和体验建筑的主体；建筑本体则反映了建筑的自主性，人依照身心的需求，通过对物的重构延伸出建筑，建筑也因此具备了时空、建构、类型等内在的自主性规律；交互是建筑与自然环境及其他人类延伸物的相互影响，包括文化、技术、政治、经济等，交互从外部推动或限制建筑的发展。对于建筑的演化来说，身心是基点，本体是内核，交互是外力；三者各循其道，又相互作用，在不同时代各有侧重，共同推动了建筑的演化。我将这一考察建筑的态度和方法称为建筑延伸观，我相信它能够帮助我们更加透彻地认识建筑过往的历史，更加理智地看待建筑在当代面临的危局和机遇。

在实践中，我开始有意识地从这三条途径联系过去、对接当代、开辟新的道路。在身心层面，我们从个人体验和当代社会的集体需求出发，寻找新的聚落模式；在本体层面，我们运用建构和空间互成的方法，追求物性与时空的一体；在交互层面，我们将自然和技术放在同等地位，努力实现它们之间的融合而非冲突；我们将“形制”视为这三条途径的枢纽。建筑形制是以建构形态和空间形态为核心的建筑类型概念，与人、聚落、自然、文化、技术、社会之间存在着固有的、活跃的联系。

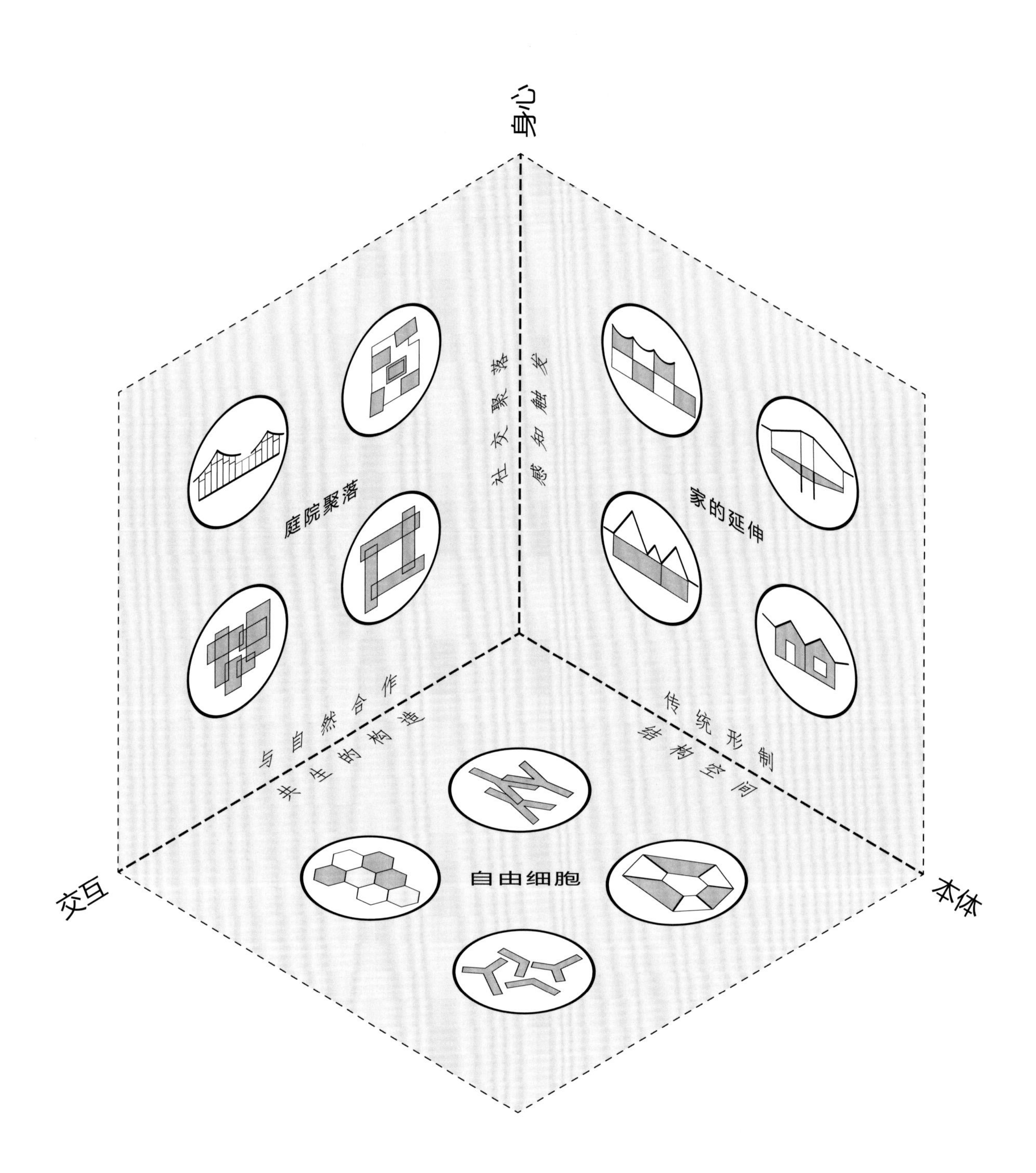
身心
交互
本体
庭院聚落
家的延伸
自由细胞
社交聚落
感知触发
与自然合作
共生的构造
传统形制
结构空间

我们坚信形制对文明传承和发展的价值，并尝试在每一个项目中探索形制的新生。在本书中，我们将十二件作品纳入“庭院聚落”“自由细胞”“家的延伸”三个类别，正是为了诠释形制的意义。其中，“庭院聚落”是对院落空间形制的重构，“自由细胞”是对新形制的实验，“家的延伸”是对传统家屋形制的拓展通过形制上的探索，我们希望在传统、当代和未来之间建立起一座桥梁，让建筑得以携带文化的记忆和时代的能量，成为人、自然、社会三者之间平衡而又充满生机的关联。

人延伸出了有形的建筑，也在无形中被建筑塑造。给建筑以善良和智慧，为了我们的文明，以及这个文明所栖身的自然。

2020 年 3 月

人用建筑围出庭院

作为身心在屋外的延伸

庭院是一个安逸的所在

触发人与自然互动

引导人与人交流

庭院诠释了天人合一的思想

我们以庭院的空间形制为心

组织功用、收纳技术、包孕自然

探索院落的未来

COURTYARD SETTLEMENT

庭院聚落

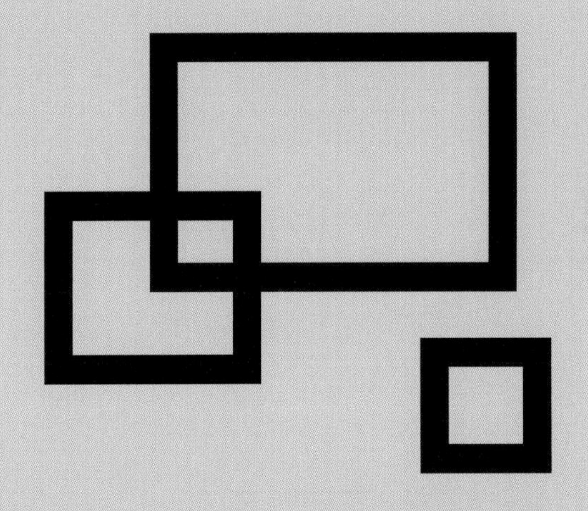

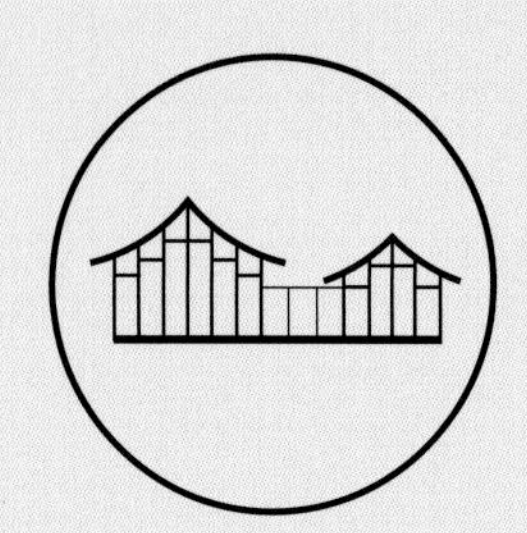

New Courtyards in Historic Neighborhood

旧坊新院

Shanghai

上海
2007—2008

Shengli Street Neighborhood Committee and Senior Citizens' Daycare Center

胜利街居委会和老年人日托站

凭借原汁原味保留的街景、小桥流水以及明清庭院建筑，有上海威尼斯之称的朱家角每年都吸引着众多的来访者。胜利街地处朱家角古镇的东南一隅，这里远离北部喧闹的旅游区，是古镇原住民的安静居所。新建的街道居委会和老年人日托站位于两条小河的交汇处，为当地居民提供社区服务。

由于基地在历史风貌保护区内，规划部门要求建筑的尺度和风格与周边的传统建筑保持一致。我们顺应这一条件，尝试用江南民居最简朴的木构系统作为基本的建筑语言，依循功能和动线编织出一个由五个庭院构成的建筑聚落。这些半开放的庭院尺度各异，与周边的古镇环境建立了空间关联，并成为散落在建筑聚落中的活动和聚会场所。我们着迷于穿针引线的布局、晦明变化的庭院空间，以及同邻里老屋的直接对话关系，无意再追逐新奇的建筑样式，只在沿河的西侧山墙上设计了一面木构架的玻璃幕墙，呈现出这组建筑的公共性。

建筑形制的单一并不妨碍空间在形和意上的变化万千，新既出于虚，又何在乎实耶？

项目地点：上海市青浦区朱家角镇　建筑功能：社区服务　基地面积：663 m²　建筑面积：502 m²

设计 / 建成：2007/2011　设计团队：祝晓峰、许磊、丁旭芬、董之平　合作设计院：上海原构设计咨询有限公司

业主：朱家角镇政府　结构体系：江南传统木结构　主要用材：青灰色方砖、中瓦屋面、木制隔断和门、窗

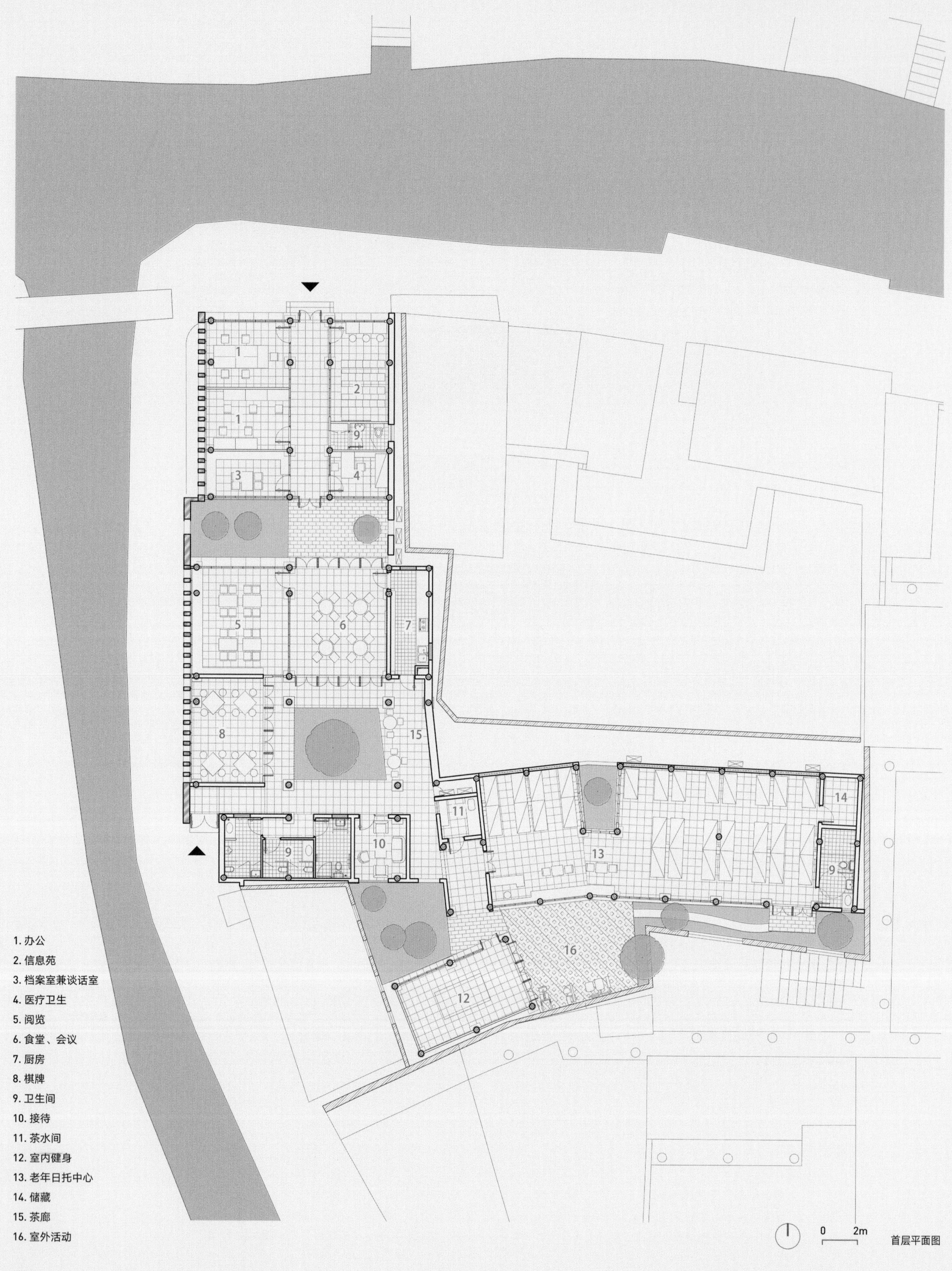
1. 办公
2. 信息苑
3. 档案室兼谈话室
4. 医疗卫生
5. 阅览
6. 食堂、会议
7. 厨房
8. 棋牌
9. 卫生间
10. 接待
11. 茶水间
12. 室内健身
13. 老年日托中心
14. 储藏
15. 茶廊
16. 室外活动
0
2m

首层平面图

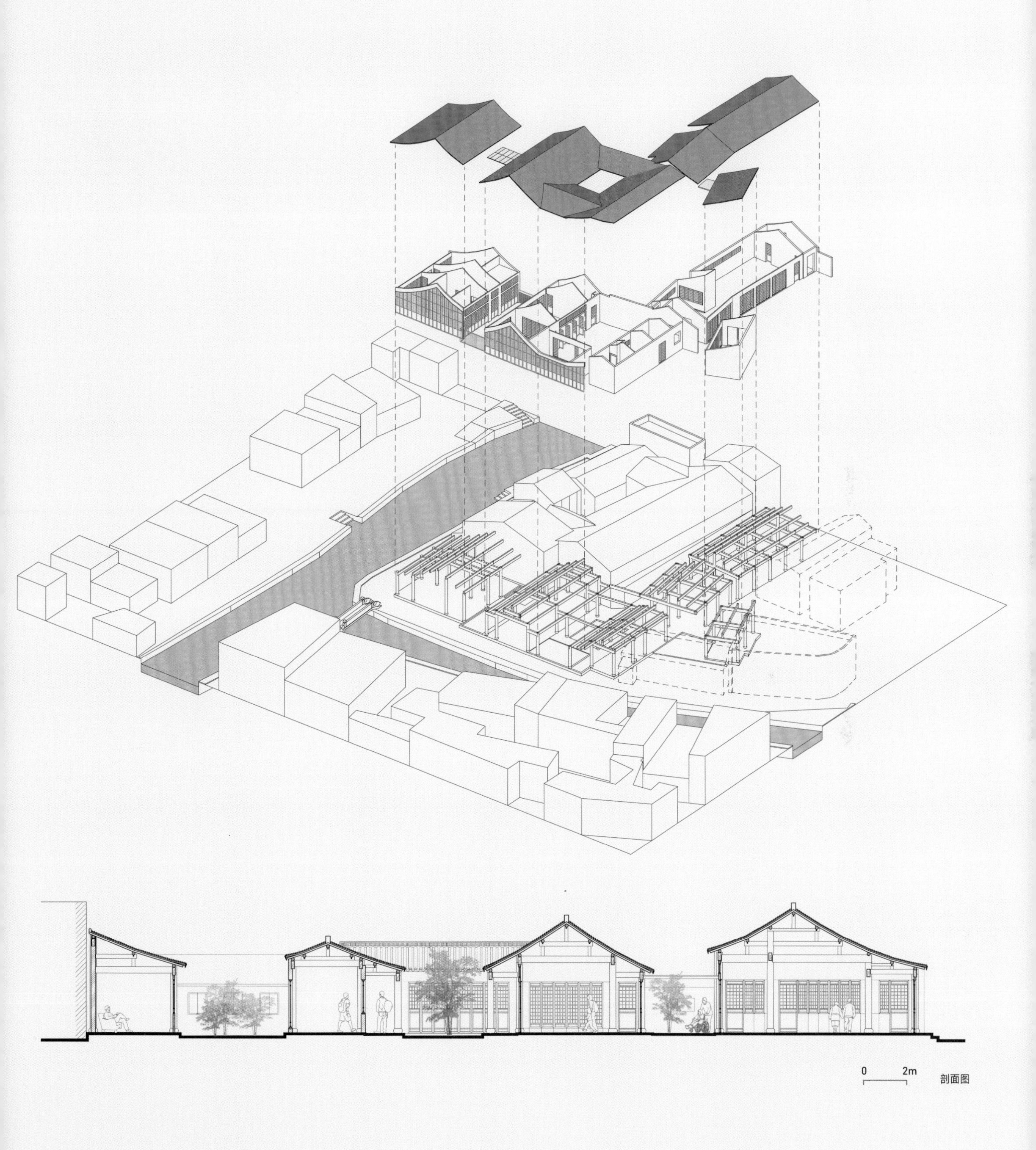

剖面图

1 传统小青瓦

40mm 厚苫背层

无纺布隔离层一道

35mm 厚挤塑聚苯乙烯泡沫塑料保温隔热层

1.2mm 厚合成高分子防水卷材

210mm × 120mm × 20mm 青灰色望砖密铺

80mm × 80mm 方椽间距 240mm 等距均布

2 300mm × 300mm × 35mm 青灰色方砖铺地

1 : 3 干硬性水泥砂浆结合层 20mm 厚，

表面洒水泥粉

水泥浆一道（内掺建筑胶）

60mm 厚 C15 混凝土垫层

素土夯实

钢筋混凝土基础

传统构造的更新

结构形制依循江南木构典籍《营造法原》设计，综合运用了抬梁式与穿斗式，在提供灵活空间的同时节省了用料，并参照现代构造改良了防水和保温层。

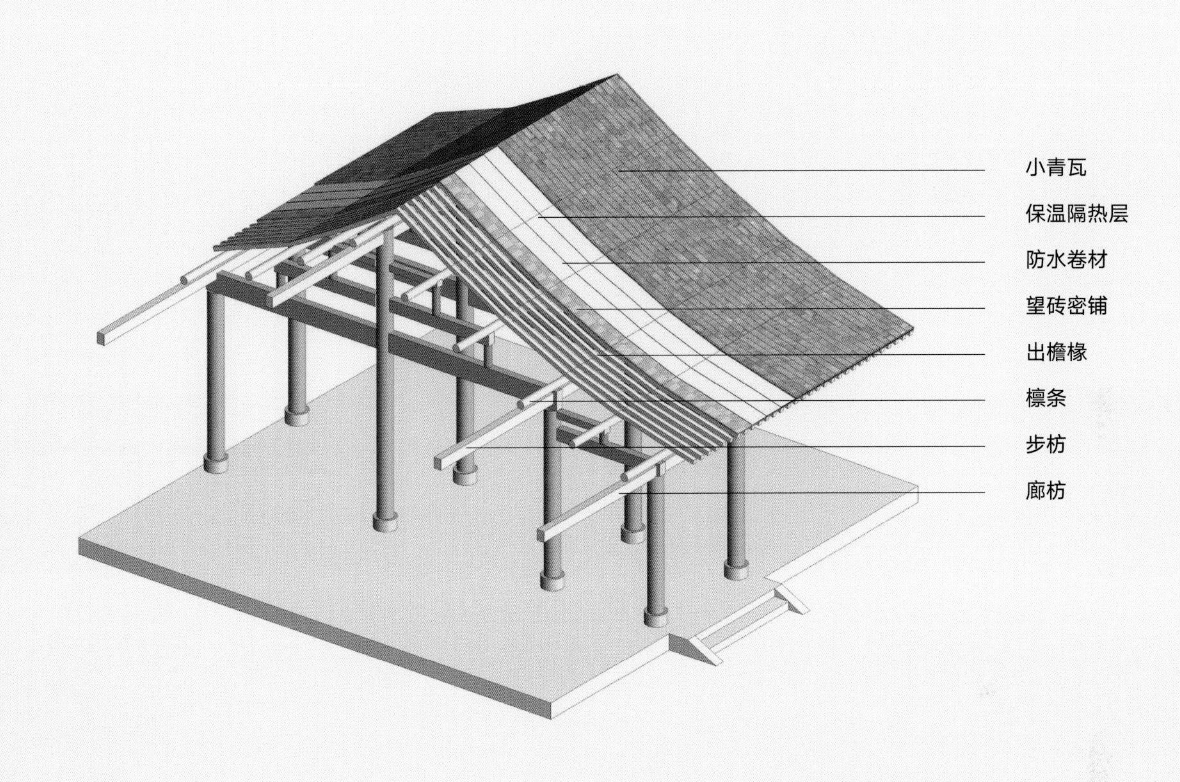

屋顶沿用了原址民居建筑悬山的屋顶形制，仅在临河的西山墙设计了木构造玻璃幕墙，加强了公共建筑的通透感和开放性，在保留居民们珍贵回忆的同时呈现了新意。

建筑形制的单一并不妨碍空间在形意上的变化

我们着迷于穿针引线的布局、晦明变化的院落，
以及同邻里老墙的对话

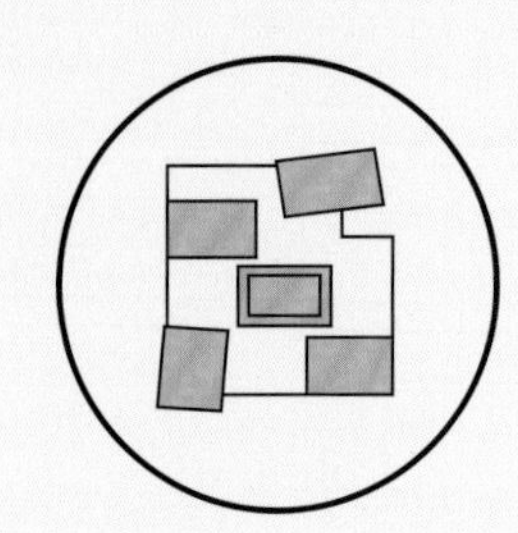

Convergence of Frames

景画合集

Shanghai

上海
2008–2010

Zhujiajiao Museum of Humanities & Arts

朱家角
人文艺术馆

朱家角又被称作“珠溪”，拥有 1700 多年的历史，是上海青浦区保存完好的水乡古镇。人文艺术馆位于古镇入口处，东邻两棵 475 年树龄的古银杏。这座 1800 平方米的小型艺术馆将定期展出与朱家角人文历史有关的艺术作品。我们希望在此营造一种艺术参观的体验，它将根植于朱家角，而建筑是这一体验的载体。

位于建筑中心的室内中庭粉墙四壁，仿佛一个由天窗覆盖的庭院，是空间组织的核心。在首层，一组连贯的集中展厅围绕中庭呈环状布置。沿中庭内的折梯拾级而上，二层的展室分散在几间小屋中，借由中庭外圈的环廊联系在一起。展厅之间则形成了气氛各异的庭院，收纳着周围的风景，为多样化的活动提供了场所。这种室内外配对的院落空间参照了古镇的空间肌理，使参观者游走于艺术作品和古镇的真实风景之间。在二楼东侧的小院，一泓清水映照出老银杏的倒影，完成了一次借景式的收藏。艺术馆内部空间的采光是人工与自然的结合。二层展室借用了混凝土框架结构和钢结构屋面之间的支撑空间，通过四周的半透明高侧窗为展厅引入了柔和的自然光。

作为一个限定空间、收集风景、呈现画作的“景画合集”，这座艺术馆提供了一种能够感受物心相映的情境。

项目地点：上海市青浦区朱家角镇　项目功能：美术馆　基地面积：1448 m²　建筑面积：1818 m²
设计 / 建成时间：2008/2010　设计团队：祝晓峰、许磊、李启同、董之平、张昊
业主：上海淀山湖新城发展有限公司　合作设计院：上海现代华盖建筑设计有限公司
结构体系：钢筋混凝土结构，局部轻钢结构　主要用材：白墙、中空玻璃、锌板屋面、花岗石

总图

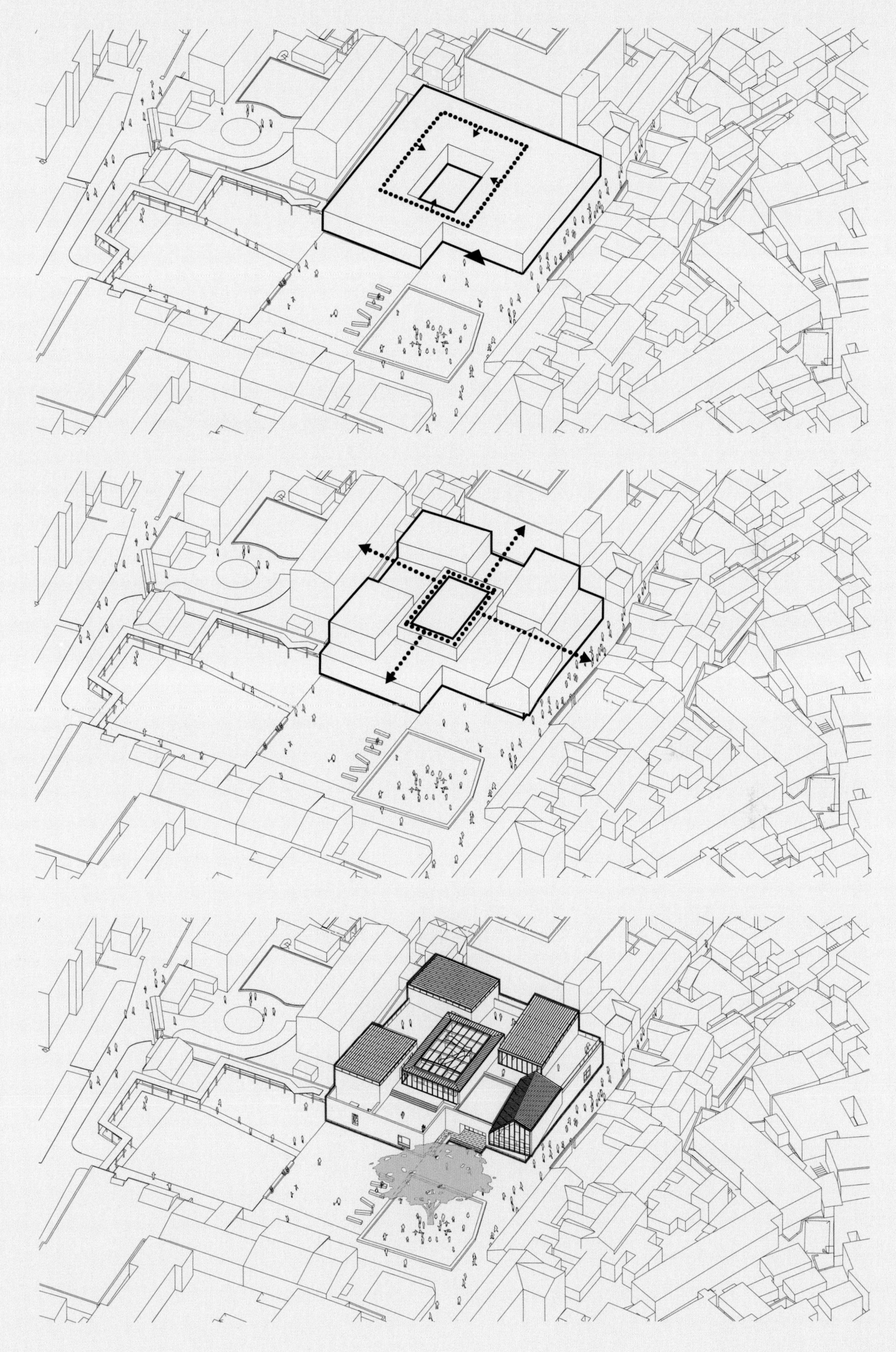

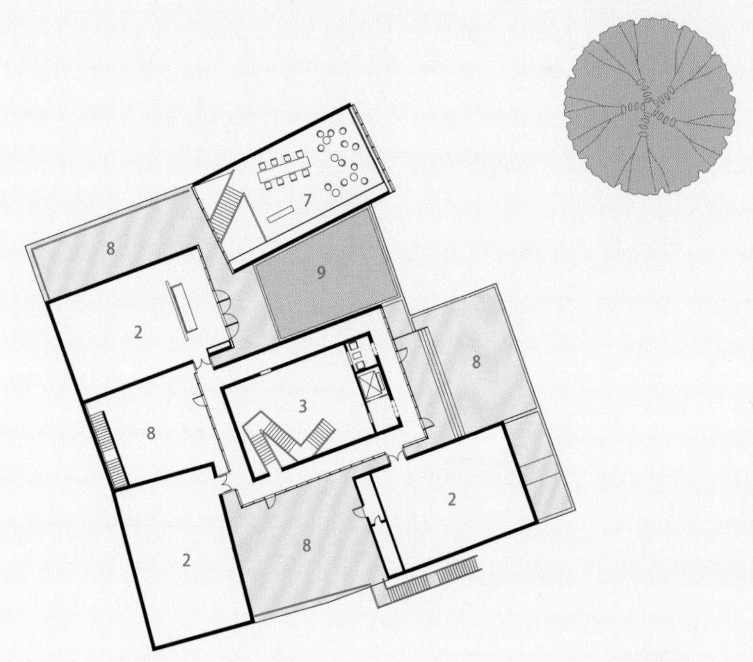

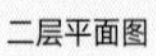

二层平面图

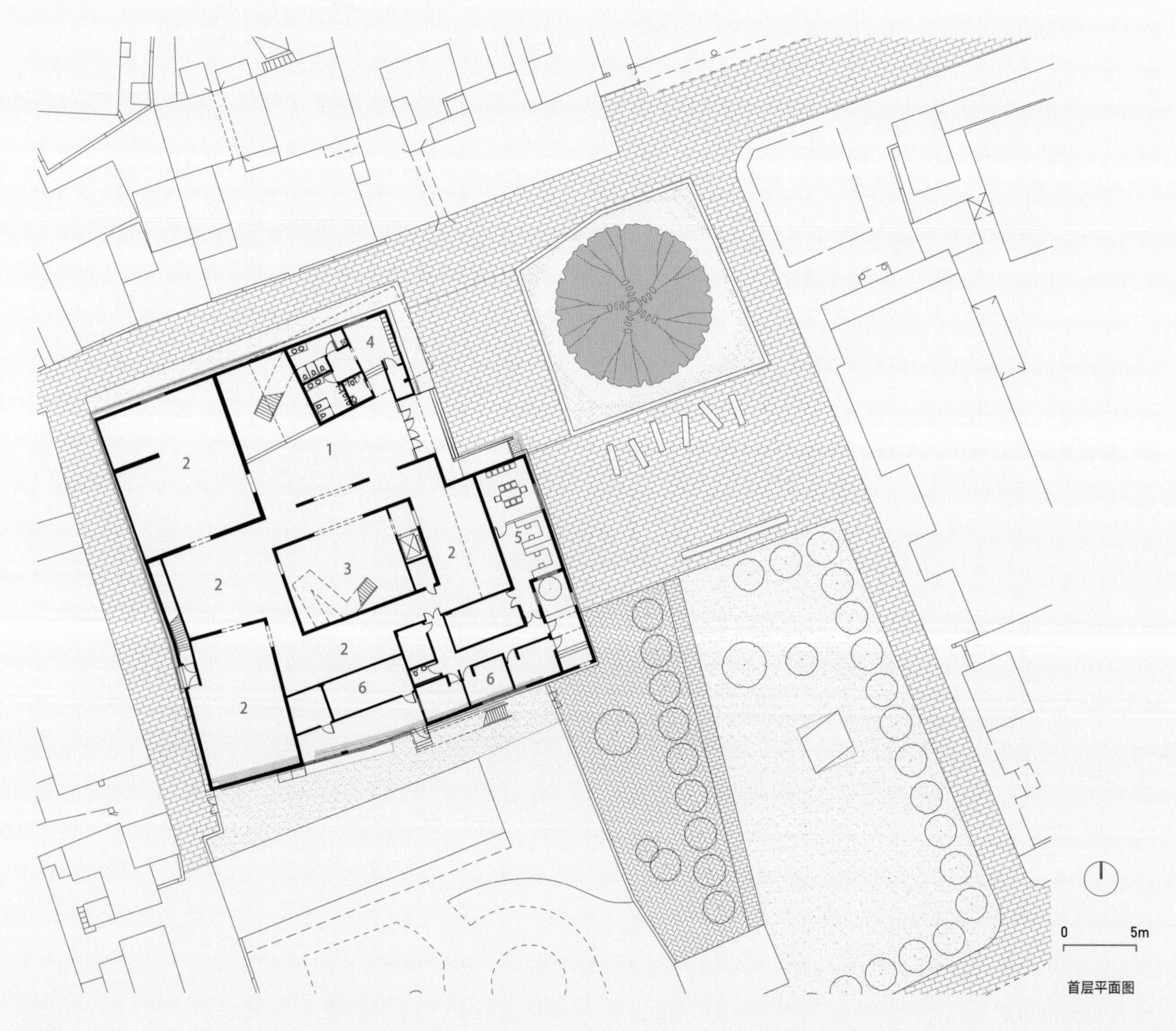

首层平面图

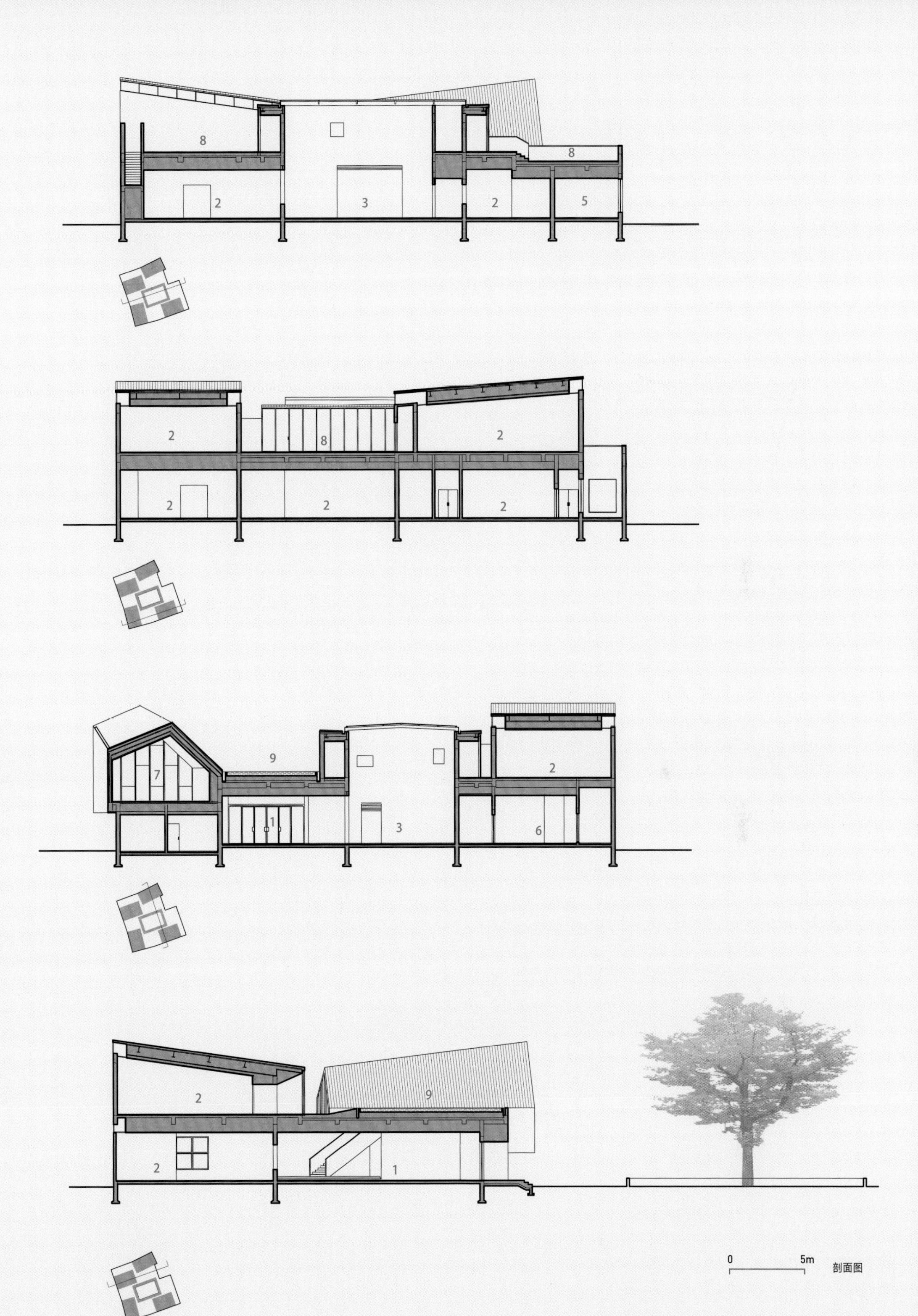
8
8
2
3
2
5
2
8
2
2
2
2
9
7
2
1
3
6
2
9
2
1
1. 门厅
2. 展厅
3. 中庭
4. 存取
5. 办公
6. 设备用房
7. 咖啡厅
8. 庭院
9. 水院
0
5m
剖面图

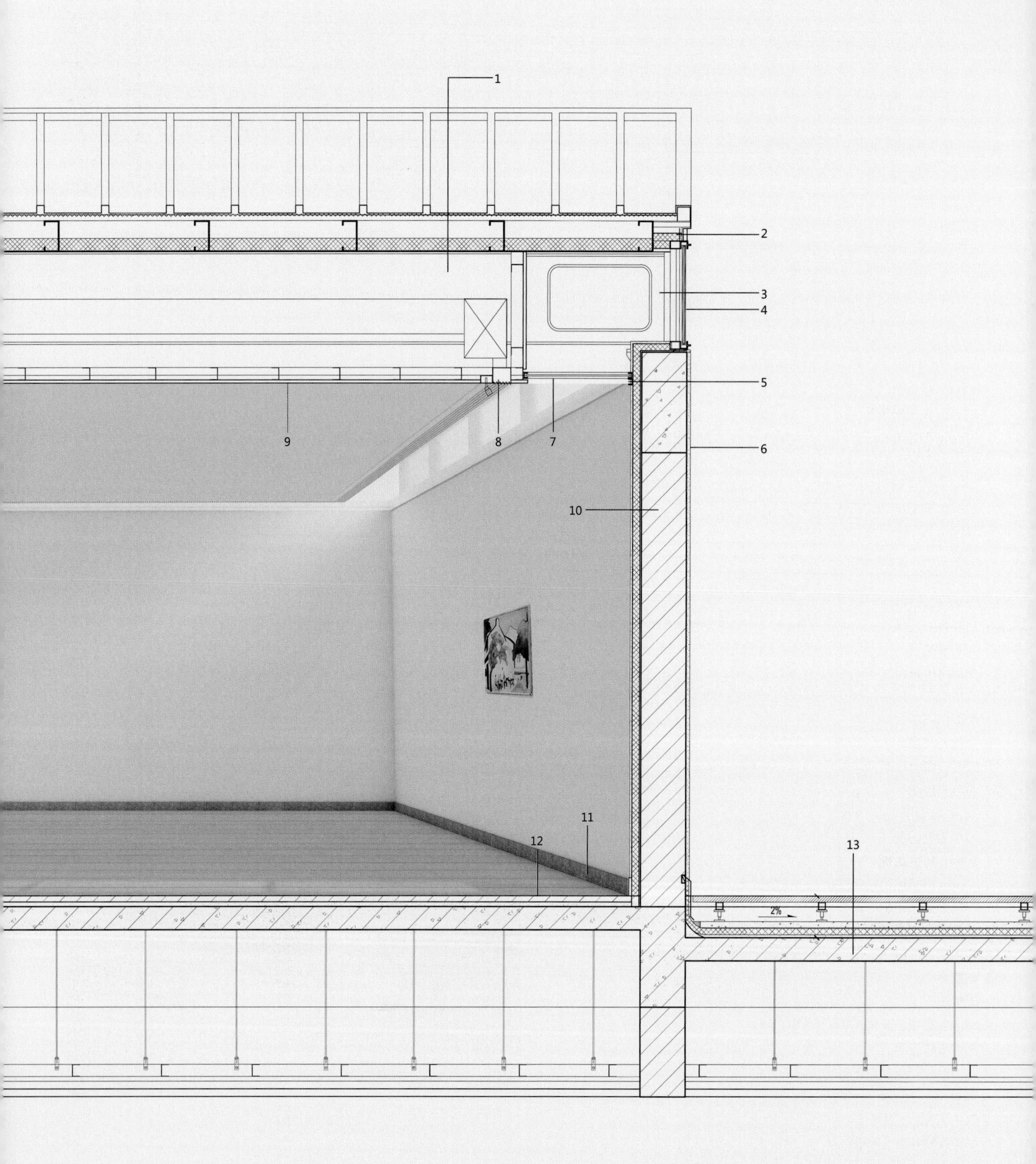
1
2
3
4
5
6
7
8
9
10
11
12
13
2%

悬浮屋顶下的自然采光

二层展厅的屋顶钢梁架在混凝土圈梁之上，由此在钢梁的位置得到了高侧窗的空间，使整个屋顶悬浮起来。自然光首先通过四周的半透明高侧窗，再经由吊顶边缘的 PTEE 软膜引入室内。

1 0.7mm 钛锌板
 6.0mm 通风降噪网
 3.0mm 防水卷材
 0.8mm 镀锌钢板找平层
 0.5mm 压型钢板
 40mm 挤塑聚苯板保温层（钢丝网）
 160mm × 85mm × 10mm 钢檩条
 钢梁
2 U 形槽铝
3 钢梁端部开口
4 磨砂中空玻璃
5 挂画卡槽
6 外墙用砂胶漆
7 软膜天花
8 空调出风口
9 白色乳胶漆
 纸面石膏板吊顶
10 白色乳胶漆
 9mm 石膏板
 细木工板基层
 60mm 轻钢龙骨
 30mm 挤塑聚苯板保温层
 混凝土空心砌块墙体
11 拉丝不锈钢踢脚
12 橡木复合地板
13 防腐木
 架空层
 40mm 厚混凝土
 无纺布隔离层
 35mm 厚聚氨酯泡沫塑料保温层
 1.5mm 非焦油类聚氨酯防水涂膜
 CL7.5 混凝土找坡层
 现浇钢筋混凝土屋面板

为了使自然光被均匀地引入室内，在钢梁四周设计了开洞。

经过多次反射、折射的日光形成了充足而又柔和的光线，再结合人工照明的补充，为观赏者和艺术品提供了适宜的光环境。

朱家角人文艺术館

作为艺术参观的载体，这座建筑根植于朱家角

五间小院情境各异，让古镇与观众物心相映

四间小屋环庭布置，引导画作分题而示

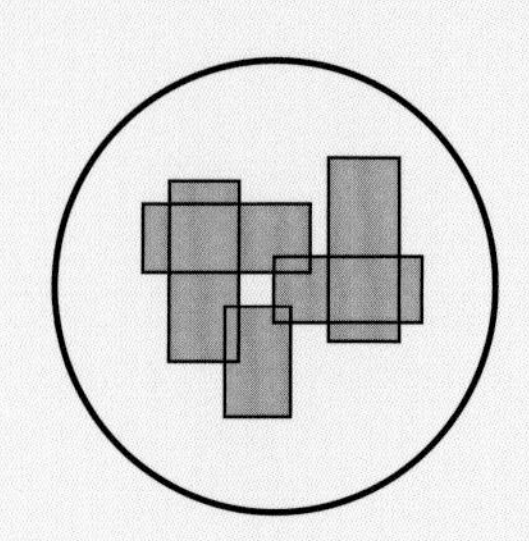

Tree of Terraces

格构之树

Shanghai

上海

2014—2016

Lattice Book House

格楼书屋

格楼书屋位于上海西岸的徐汇滨江公园，四周被开阔江景和茂密绿树环绕。我们希望这座通透的书屋在融入环境的同时，为人们提供亲切的休憩和交往空间。

从宽大的滨江步道，抑或幽深的铁轨花径接近基地，人们会看见若干高低错落的平台漂浮在树林中，支撑它们的是一组钢格书架构成的片墙。一部曲折的楼梯将这些平台联系起来，把人带进一个个高度各异、方位不一的小组空间；这些依托于平台的小组各自独立，又相互开放连通。通透的幕墙玻璃和格架墙模糊了平台之间和室内外的空间层次，在建筑的任一角落，周围的枝叶和格架上的书籍都仿若触手可及……居一隅而窥全豹，格楼书屋是一处矗立在林间的空中聚落，使身心和物象在连续的体验中得以共生。

由 C 形钢与钢板焊接而成的书架，既是支撑结构，也承担着限定空间和指引路线的作用。如同养分顺着树干传至树叶一样，主要的设备管线沿中央楼梯抵达各个平台。结构梁、屋面排水与所有设备都隐藏在 450 毫米厚的平台中，达到了使用功能、设备系统与结构的高度整合。

通过结构、家具和空间三者的融合，格楼书屋成为一种实体媒介，在人与环境之间建立起尺度和知觉上的积极关联。我们相信，这种能够引发生活体验的关联正是建筑内在精神的起点。

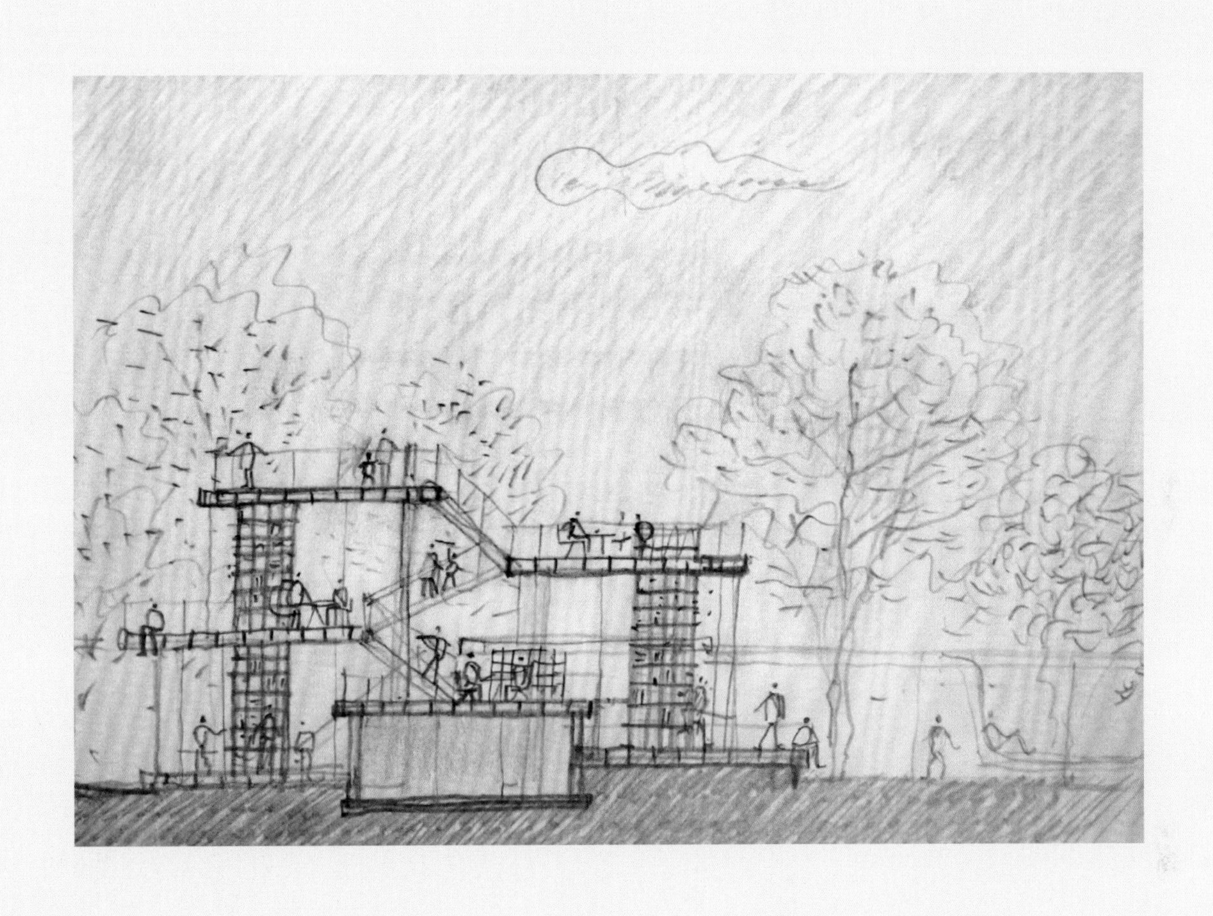

项目地点：上海市徐汇区滨江公园　项目功能：书店和咖啡屋　建筑面积：350 m²
设计 / 建成时间：2014/2016　设计团队：祝晓峰、李启同、梁山、张娉婷
业主：徐汇滨江开发投资建设有限公司　合作设计院：同济大学建筑设计研究院（集团）有限公司
结构体系：钢格架墙 + 钢格栅梁板　主要用材：铁灰色氟碳漆、竹木地板及格栅吊顶、
钢撑铝合金幕墙框、超白中空 Low-E 玻璃、不锈钢栏杆、水泥纤维挂板

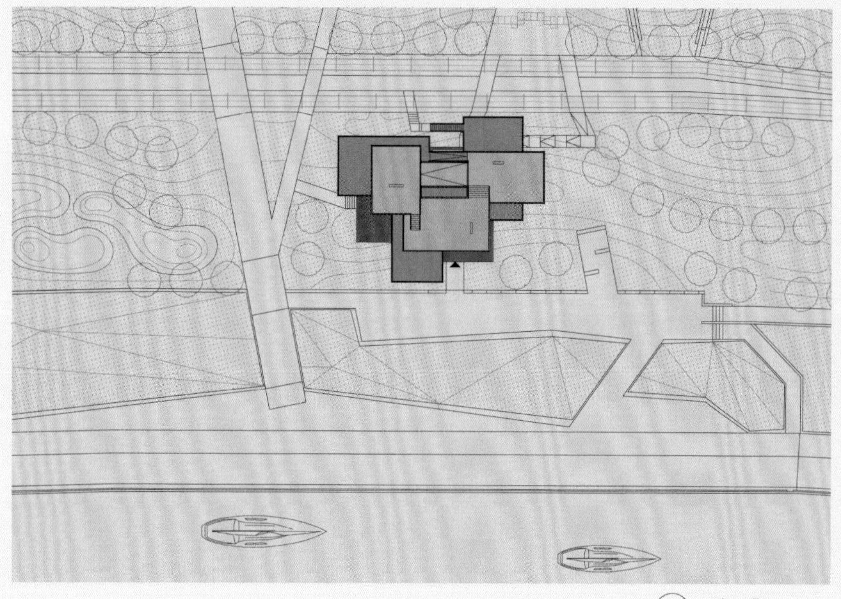

0 5m 总图

1 门厅
2 书吧
3 室外平台
4 服务区
5 操作区
6 贮藏
7 设备平台
8 无障碍卫生间
9 男卫生间
10 女卫生间
11 大台阶

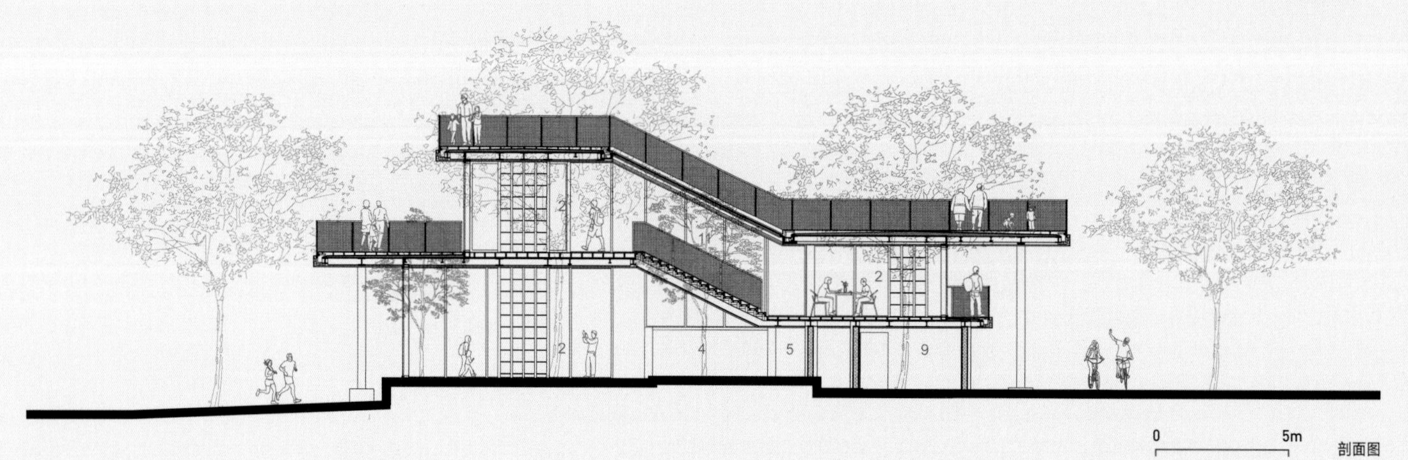

0 5m 剖面图

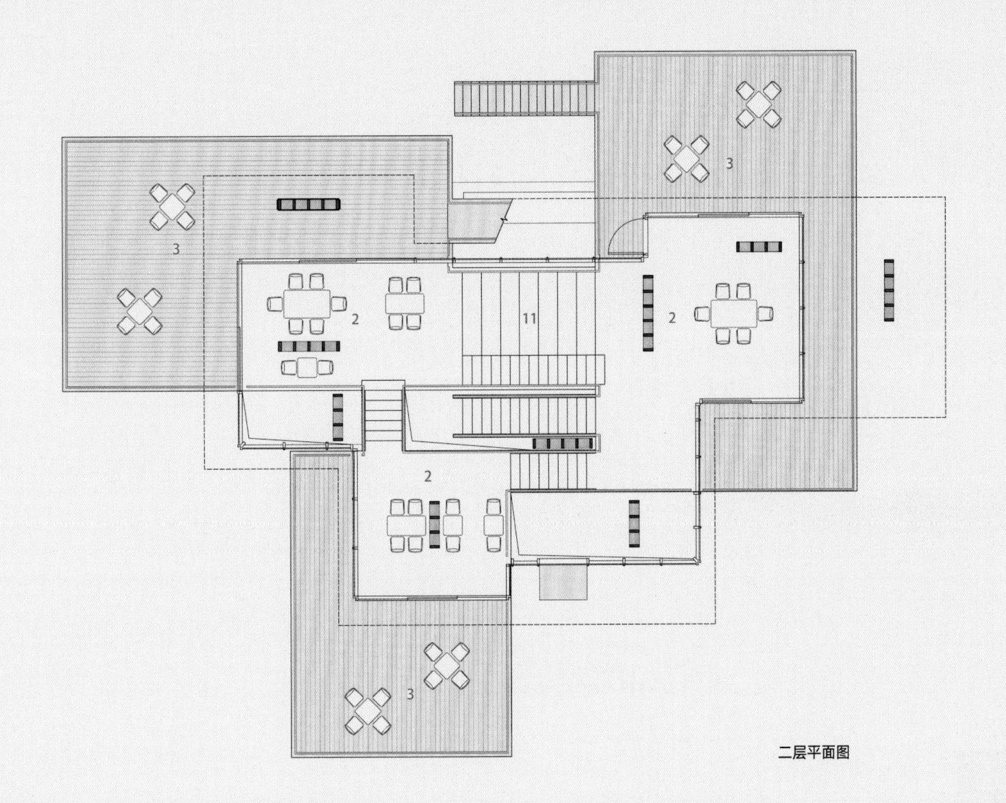

二层平面图

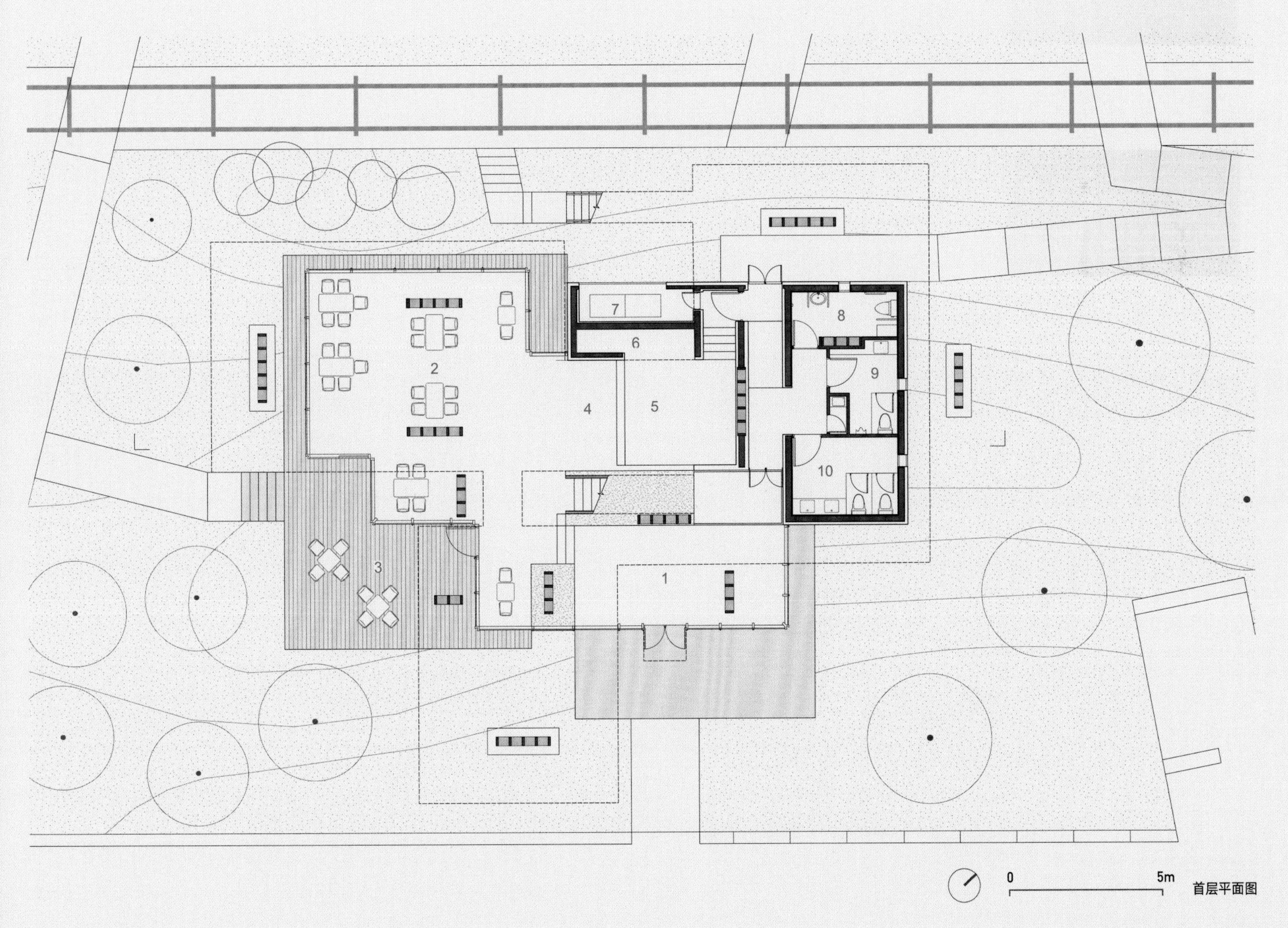

首层平面图

1
450
2
450
3
4
5
6
0
1m

结构、空间、设备的高度整合

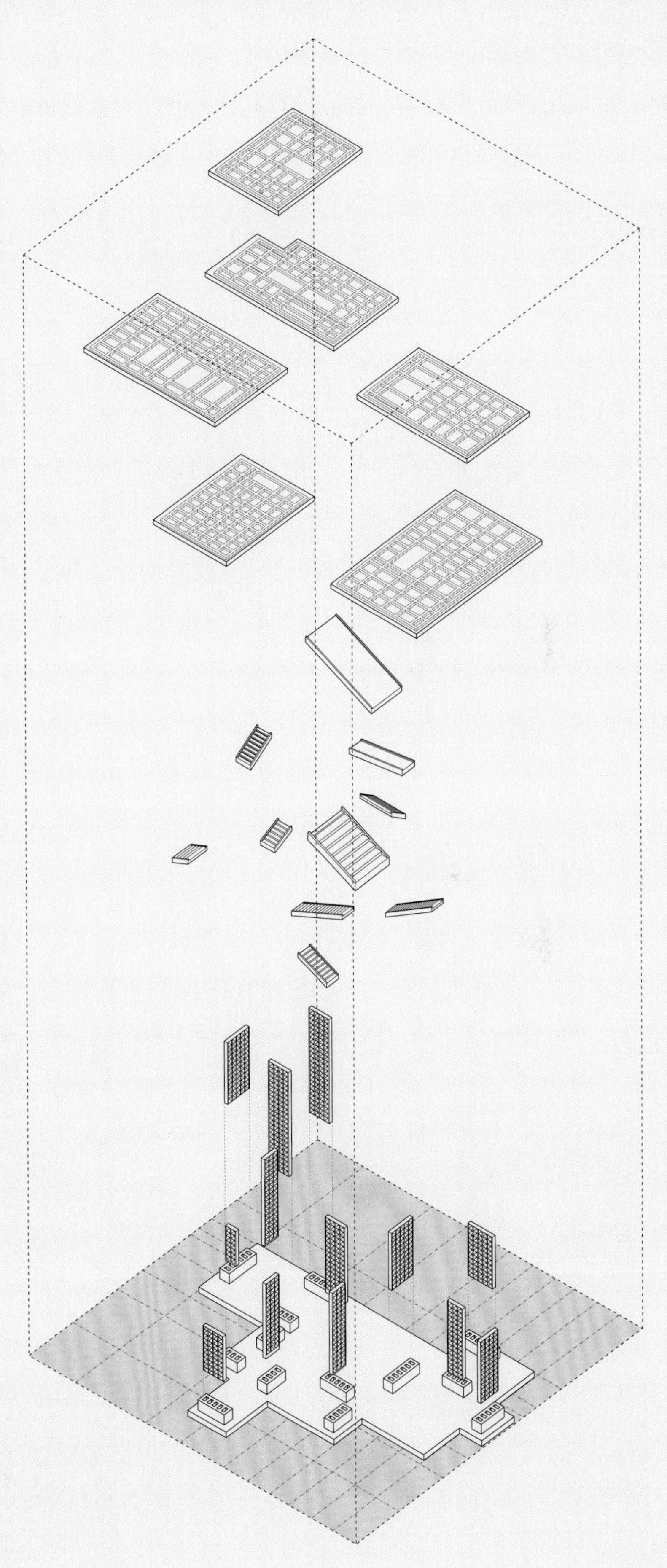

1 18mm 厚竹木室外地板
40mm × 60mm @400 钢管龙骨
20mm 厚 1 : 3 水泥砂浆保护层
3+3 厚双层 SBS 改性沥青防水卷材
35mm 厚 1 : 3 水泥砂浆找坡层
30mm 硬质聚氨酯泡沫塑料保温层
4mm 厚花纹钢板
钢结构

2 58mm × 50mm T 形不锈钢立杆
不锈钢丝网，间距 20mm

3 14mm 厚竹木室内地板
156mm 木龙骨 @400
40mm 厚细石混凝土
素水泥浆结合层一道
4mm 厚花纹钢板屋
钢结构

4 40mm × 20mm 竹格栅吊顶
轻钢龙骨
钢结构

5 丙烯酸聚氨酯面漆
环氧云铁中间漆
环氧富锌底漆
钢结构

6 14mm 厚竹木室内地板
135mm 木龙骨
100mm 厚 C15 混凝土垫层，双向配筋 ø8 @200
150mm 厚碎石
素土夯实

450mm 楼板 = 结构 + 排水 + 空调 + 照明 + 上下面层

各类管线沿楼梯铺设，穿过梁洞接入末端。所有屋面排水、空调、照明以及楼面和吊顶面层都得以集成在总共 450mm 的楼板厚度内。

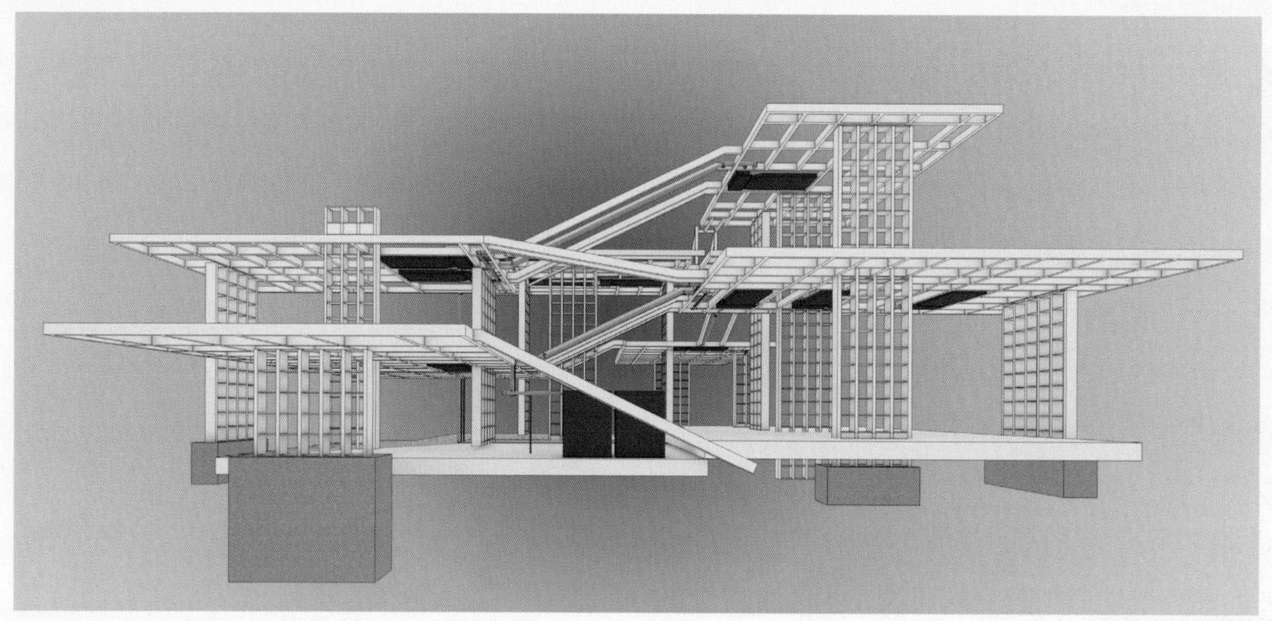

结构与设备的整合

格架墙 = 结构支撑 + 空间限定 + 固定家具 + 电缆通道

钢格片墙用埋灌的方式安插在混凝土基础上，两三片墙支撑一块钢构平台。格架墙用间距 300mm 的竖向 C 形钢和间距 400mm 的水平钢板焊接而成。格架墙不仅可以直接安放书籍或其他物品，也同时起到了空间限定的作用，格架 C 形钢的内部还是强弱电线的管道。

钢楼梯 = 垂直交通 + 结构构件 + 管线通道 + 开放讲堂

斜向的钢楼梯把不同高度的平台联系起来，使它们成为一个能够传递侧向力和抵抗水平扭矩的结构整体。主要设备管线如空调冷凝管、排水管等沿着楼梯两侧到达各层。顶部的梯段被加宽，成为室内开放讲堂的座席。

沿着楼梯敷设的各种管线

幕墙转角节点的演化

1 铝合金扣盖
2 铝合金立柱
3 1.5mm 铝单板
4 热镀锌角钢

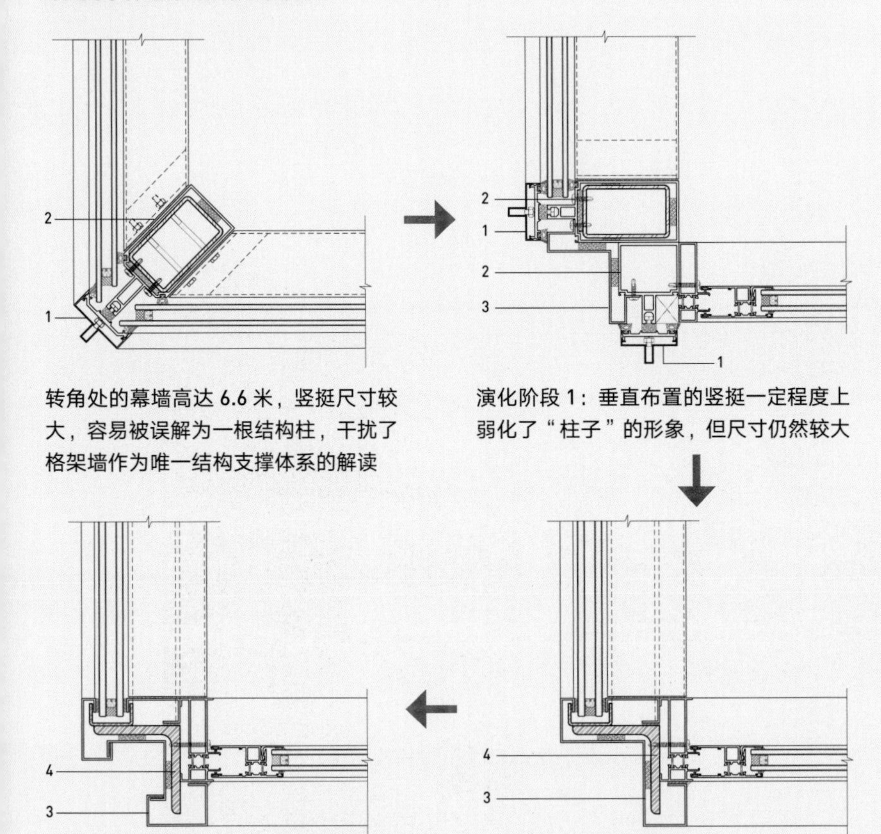

转角处的幕墙高达 6.6 米，竖挺尺寸较大，容易被误解为一根结构柱，干扰了格架墙作为唯一结构支撑体系的解读

演化阶段 1：垂直布置的竖挺一定程度上弱化了“柱子”的形象，但尺寸仍然较大

演化阶段 2：用角钢代替普通铝型材，使构件尺寸进一步减小

演化阶段 3：端头伸出与玻璃厚度相近的折边，形成两片幕墙在转角处开缝交接的构造效果

LOUIS VUITTON

一处矗立在林间的空中聚落，
使身心和物象在连续的体验中得以共生

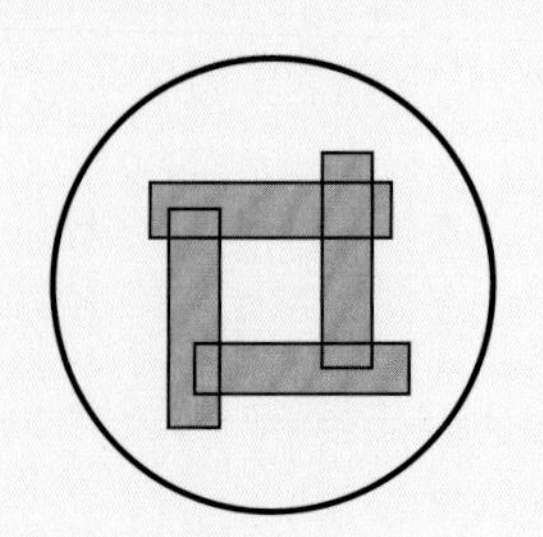

Interactive Platforms

交互平台

Shanghai

上海
2016—2021

Youth & Children's Center and Public Culture & Art Center of Pudong New District

浦东青少年活动中心及群众艺术馆

青少年活动中心及群众艺术馆的建筑基地位于浦东新区文化街坊中部，一条南北向的河流将基地分成东大西小两个区域。街坊北部是已建成的新区图书馆，南部是大卫·奇普菲尔德（David Chipperfield）设计的规划和城市艺术中心。三组建筑不仅将实现地下车库的连通，还将和地铁广场、阅读花园等公共设施整合在一个共享的景观系统中。整个文化街坊建成后将成为浦东新区新的公共文化活动中心。

为了综合回应城市空间与建筑内部使用的需求，我们设计了一个多层交互的平台聚落系统，平台上自由分布着各种规模的盒体，包括剧场、展厅、文体活动室，以及大堂、咖啡厅、餐厅等服务空间。

这些平台构成了两个套接的“回”字形庭院结构，西侧庭院对接地铁广场，主要容纳千人剧场和群艺馆；东侧庭院为绿地环绕，主要容纳青少年活动。平台间的重叠和连接激发了不同区域和功能之间的交流互动。其中，花园平台跨越河流，联系河道东西两侧的大堂，成为公共动线的主干；青少年活动中心和群艺馆的平台则在 2 层至 4 层纵横交错，提供了众多室内外的共享空间。这一设计释放了建筑底层，在图书馆和规划馆之间形成了开放畅通的户外场所，成为整个文化街坊步行网络的中枢。

大而整的平台回应城市的空间尺度，小而散的盒体回应个体的身心尺度；两者的结合不仅为建筑内部的活动提供了宜人的空间，也通过与环境的交融使这座建筑成为城市生活的公共舞台。

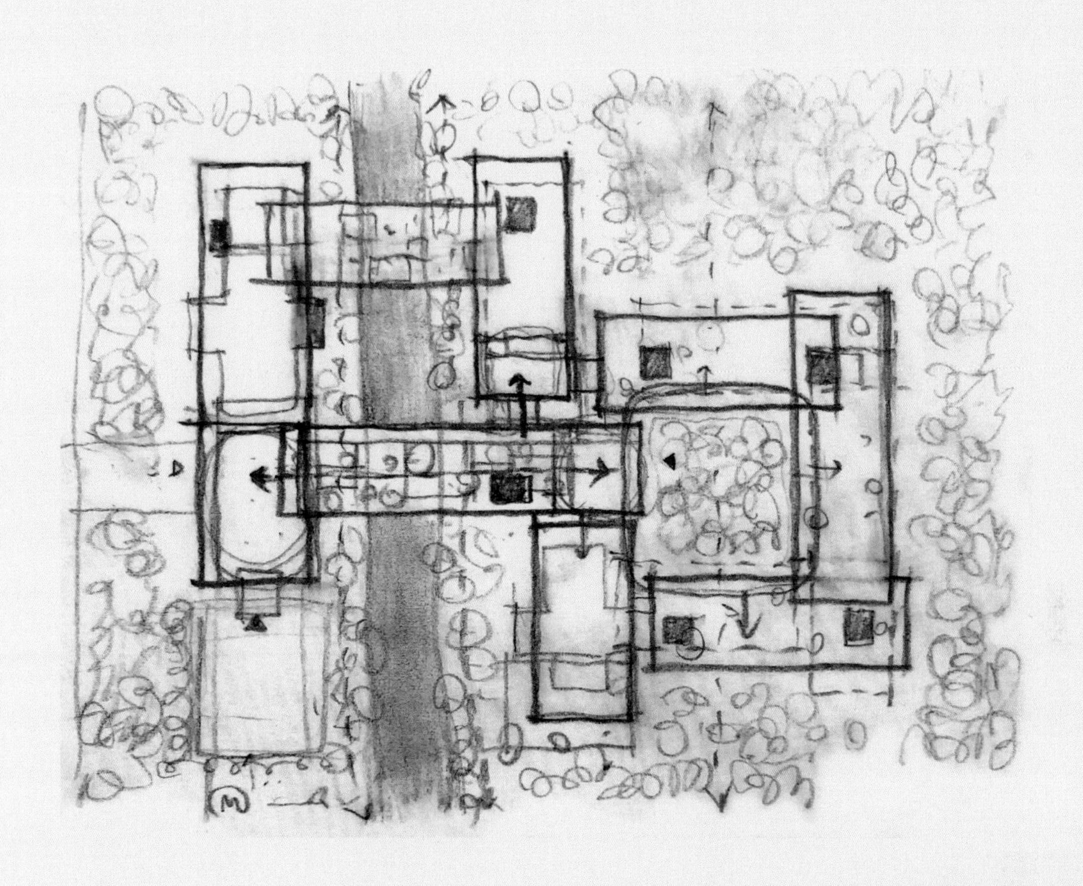

项目地点：上海市浦东新区文化街坊中部　建筑功能：剧场，排练厅，展厅，科技、文化及艺术活动
基地面积：51 947 m²　建筑面积：87 109 m²　设计 / 建成：2016/2021
设计团队：概念及方案设计阶段：祝晓峰、庄鑫嘉、Pablo Gonzalez Riera、梁山、杜洁、盛泰、席宇、石延安、周延、沈紫薇、谢陶；初步设计及施工图设计阶段：祝晓峰、庄鑫嘉、江萌、杜洁、王均元、林晓生、胡仙梅、高敏、干云妮、沙赪珺、叶晨辉、翁雯倩、宋晓月、孙豪鹏　业主：上海市浦东新区教育局
合作设计院：同济大学建筑设计研究院（集团）有限公司　结构体系：钢框架结构，局部钢桁架结构
主要用材：超白中空 Low-E 玻璃，白色、灰色、绿色铝板，木纹辊涂铝板，穿孔铝板，灰色真石漆，不锈钢栏杆，架空地砖，V 形铝格栅吊顶

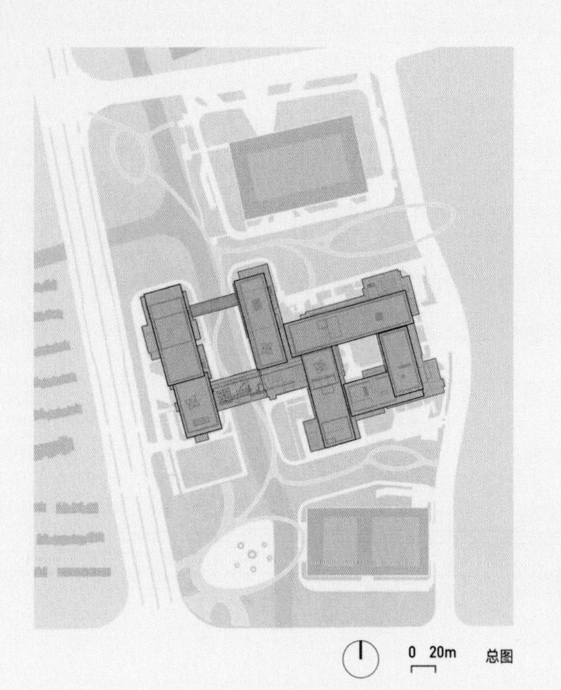

0 20m 总图

1 西大堂
2 休息厅
3 观众厅
4 舞台
5 化妆间
6 候场
7 门厅
8 室外剧场
9 活动剧场
10 数字化体验区
11 社团活动室
12 排练、演出厅
13 休闲体验区
14 手造坊（创艺空间）
15 展厅
16 主题活动区
17 美术活动室
18 陶艺馆
19 纸艺馆
20 红领巾博物馆
21 器乐活动室
22 录音室
23 上空
24 儿童剧场观众厅
25 儿童剧场舞台
26 餐厅
27 前厅
28 演员休息厅
29 美术教室
30 音乐教室
31 模型工作室
32 科技活动室
33 舞蹈排练厅
34 武术排练厅
35 东大堂
36 休息亭
37 院落

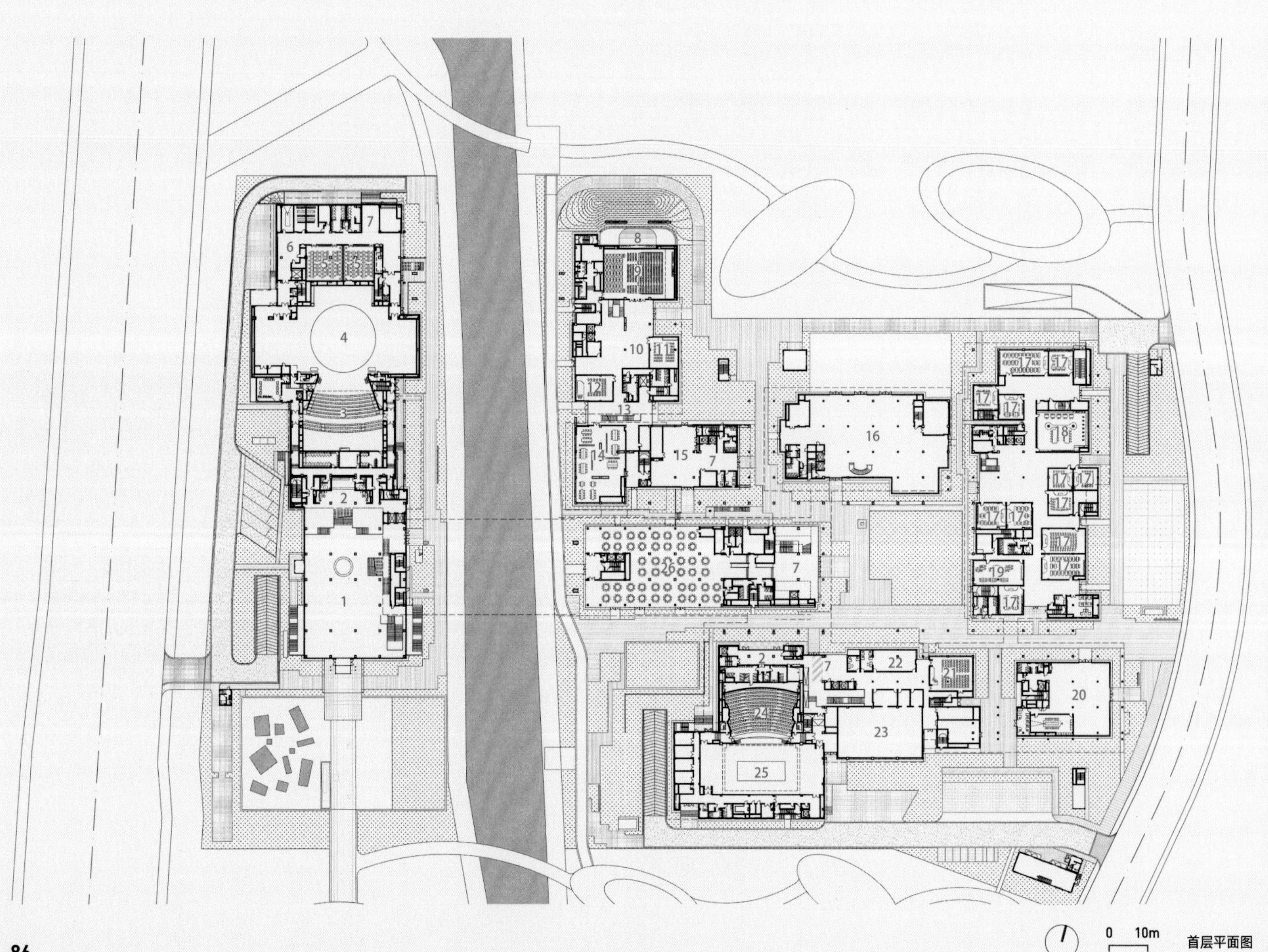

0 10m 首层平面图

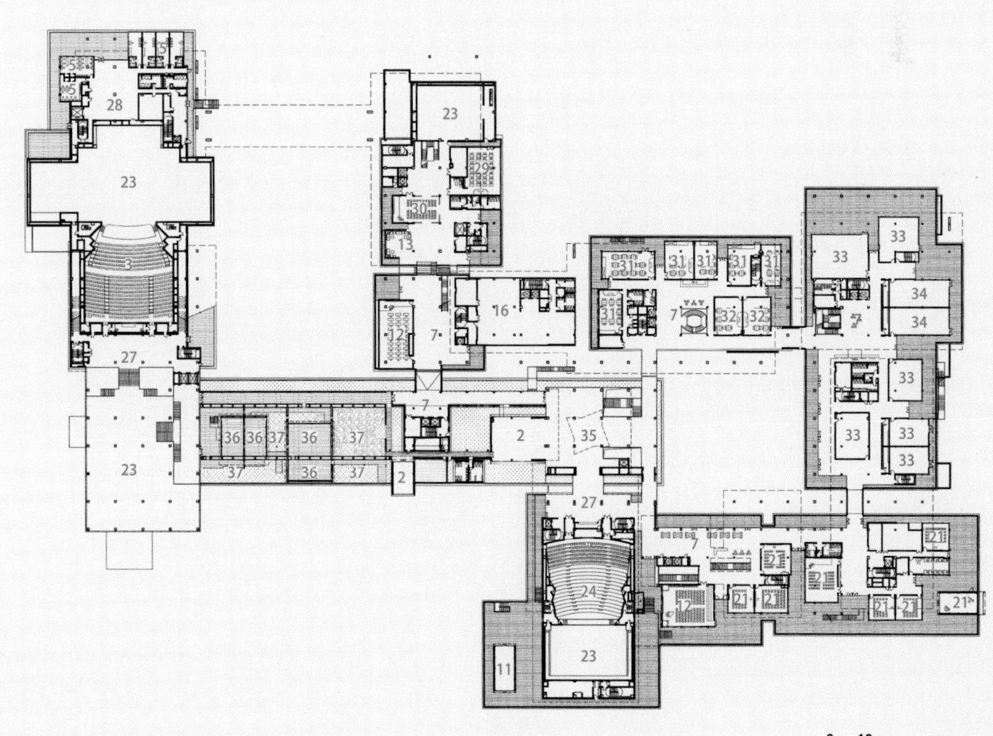

二层平面图

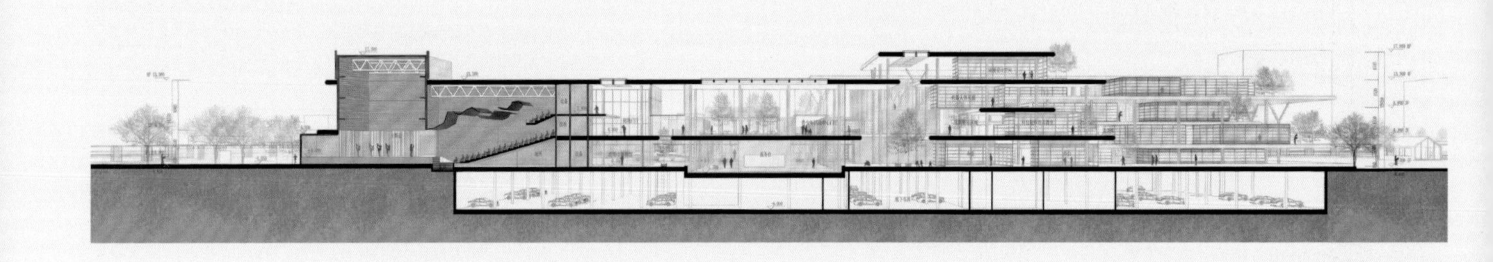

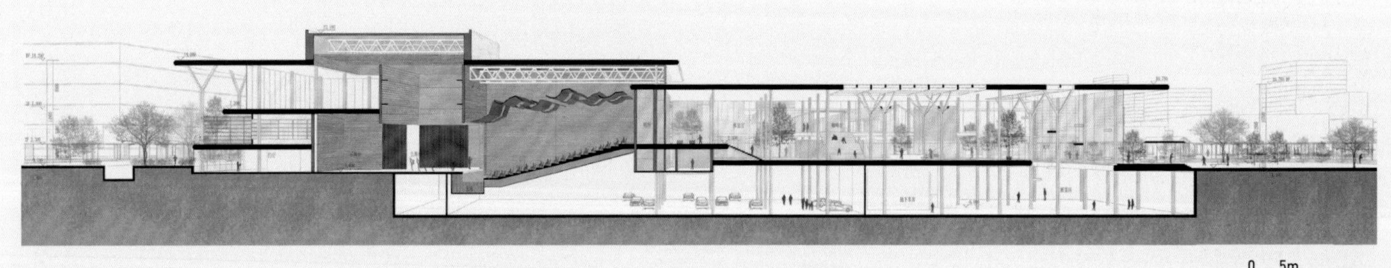

0 5m

剖面图

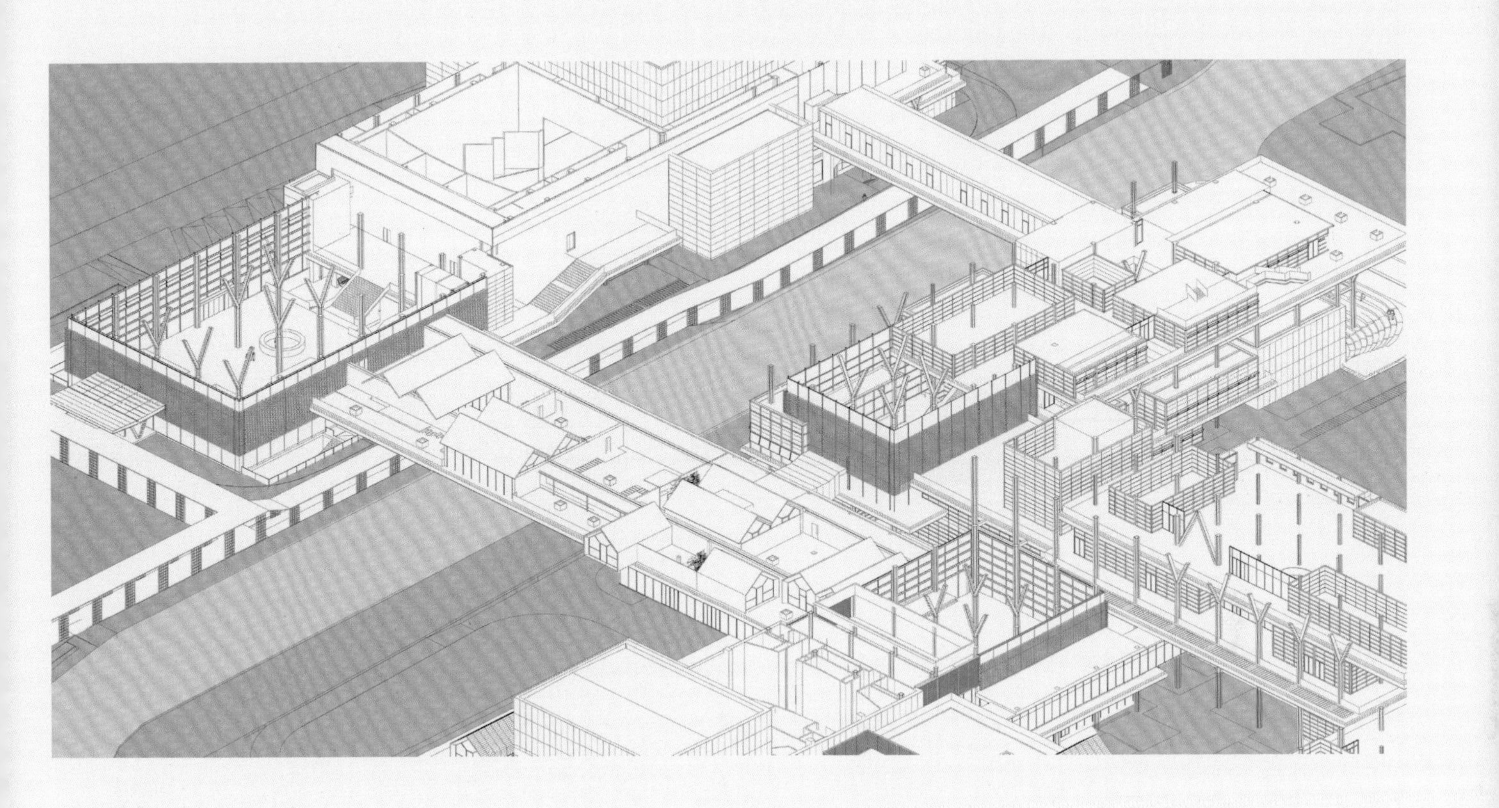

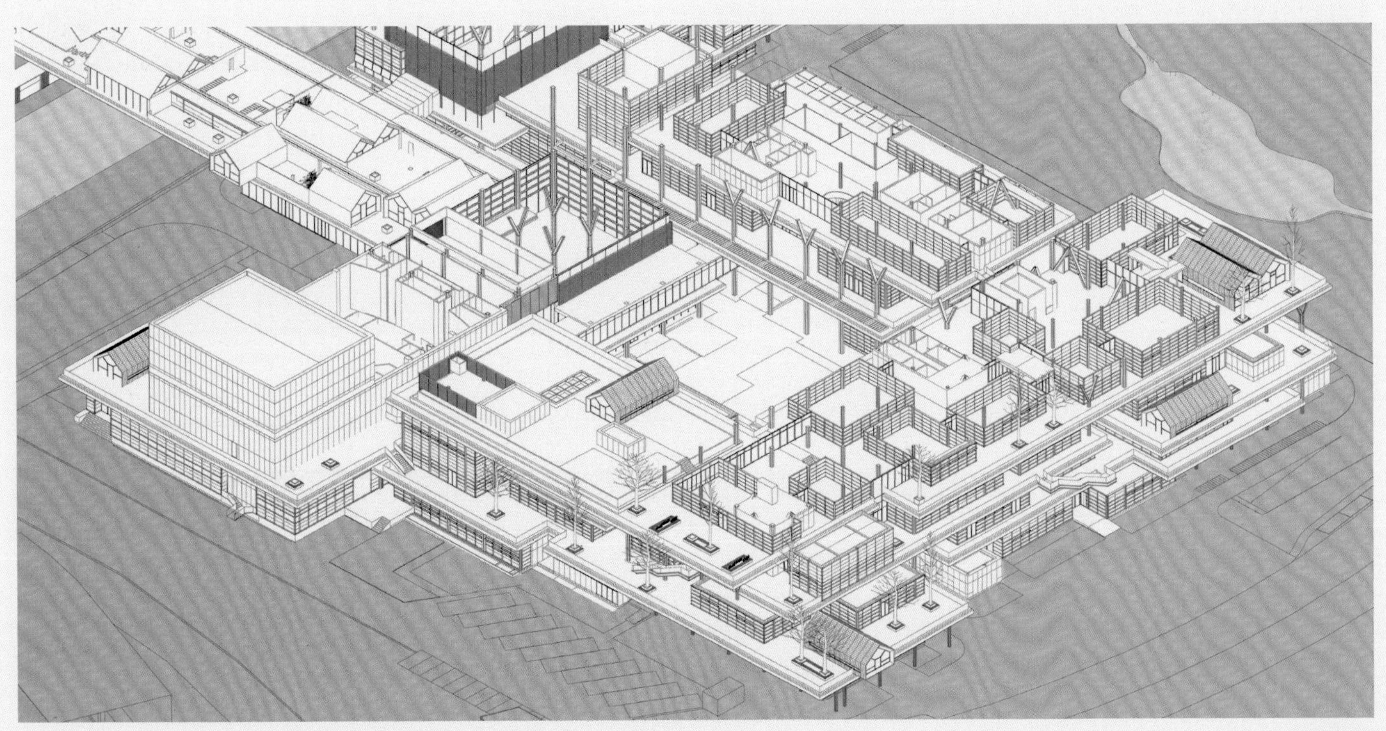

局部轴测图

1 100 ~ 600 厚轻质配方种植土
20mm 塑料排水板，上铺聚酯针刺土工布保湿毯
50mm C20 细石混凝土刚性保护层
聚酯无纺布一层隔离层
4mm 高聚物改性沥青耐根穿刺防水卷材
3mm 聚合物改性沥青防水卷材
20mm 水泥砂浆找平
轻集料混凝土找坡，最薄处 30mm
130mm 厚泡沫玻璃板
1.5mm 聚合物水泥防水涂膜隔汽层
钢筋混凝土楼板 + 压型钢板

2 20mm 厚 600 × 1200 预制地砖
万能支撑器
1mm 镀铝锌钢板
50mm 岩棉带
室内装饰面

3 40mm 通长塑木地板
5# 槽钢 @400 双向
40mm 厚 C20 细石混凝土刚性保护层
聚酯无纺布一层隔离层
3+3mm 聚合物改性沥青防水卷材
20mm 水泥砂浆找平
轻集料混凝土找坡，最薄处 30mm
130mm 厚泡沫玻璃板
1.5mm 聚合物水泥防水涂膜隔汽层
钢筋混凝土楼板 + 压型钢板
铝格栅吊顶

4 上部：中灰色铝单板
中部：白色铝单板
下部：中灰色铝单板

平台之间的树柱与盒屋

消解在立面中的柱

盒屋墙体与柱子结合，最大限度地减少了柱子对室内空间的影响。同时，被中缝四分的柱子与窗框结合，使得柱子隐形于立面之中。

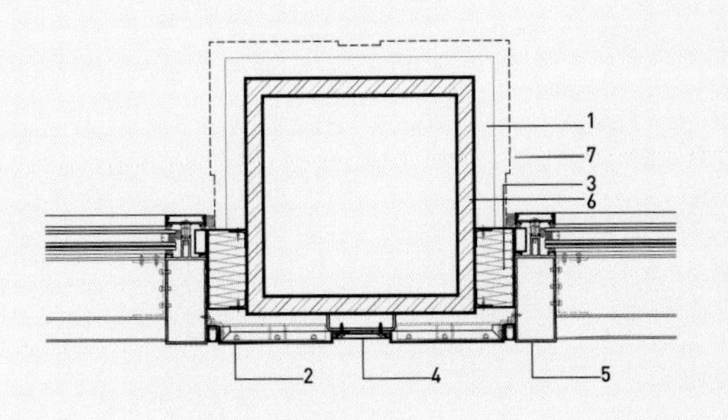

柱子与幕墙平接

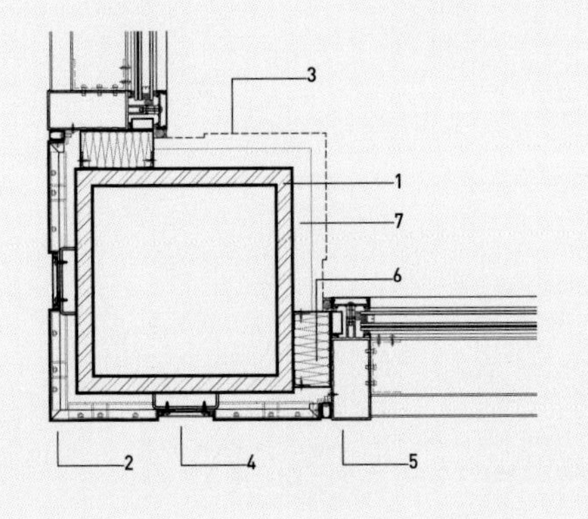

角柱与幕墙

1 钢构柱
2 3mm 铝板
3 室内装饰面层
4 铝合金盖板
5 铝合金窗框
6 保温岩棉
7 20mm 防火涂料

树与阳光

室内外的 Y 形柱如同树杈一般支撑着天窗、雨棚等结构。不同的 Y 形柱在平面上呈风车状布置，隐喻了森林中的自由空间。天窗的形状也跟随风车状结构呈现由多个三角形构成的非对称组合。天窗下部采用半透明软膜，遮挡了复杂的钢结构，并柔化日光，提供了宜人的光环境。

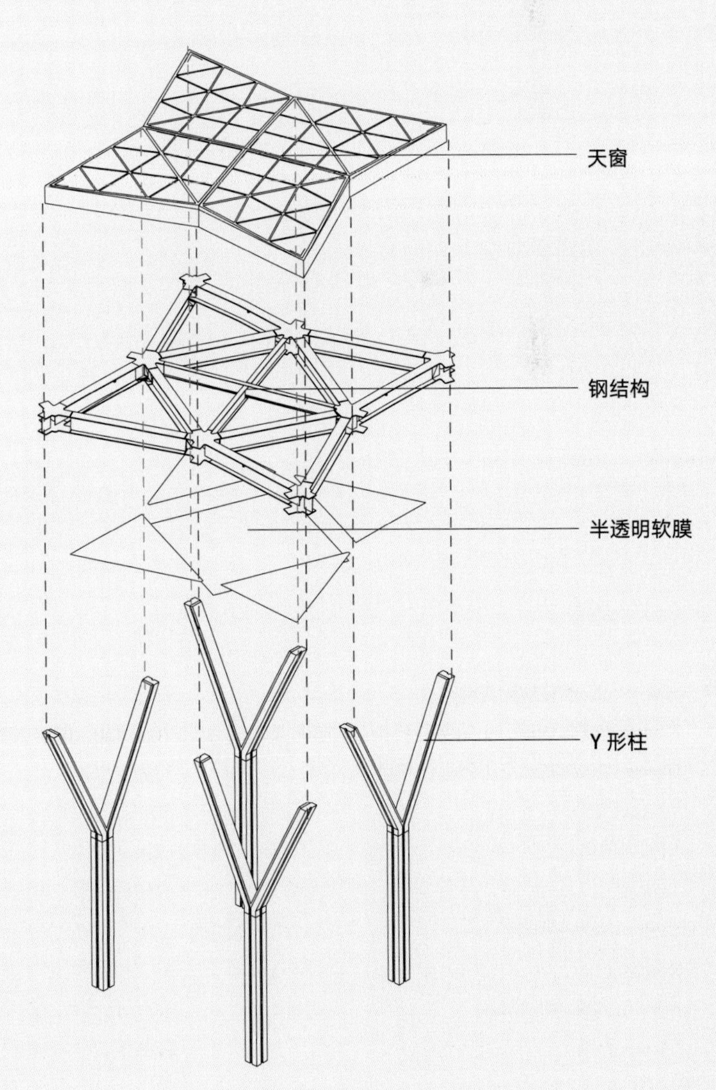

1 3mm 铝单板
6.0mm 通风降噪网
3.0mm 自粘防水卷材一道
0.8mm 镀锌钢板找平
0.6mm 压型钢板
130mm 岩棉
镀锌钢檩条
钢结构
2 上部：3mm 铝单板
钢龙骨
6mm 抗裂砂浆
50mm 岩棉
20mm 水泥砂浆找平
一道机械喷浆甩毛
砖墙
中部：Low-E 钢化中空玻璃，仿木纹铝框
下部：同上部
3 不锈钢扶手与钢丝网栏板
4 上部：3mm 木纹铝单板
钢龙骨
1mm 镀铝锌钢板
50mm 岩棉
室内装饰面
中部：超白中空 Low-E 钢化夹胶玻璃，仿木纹铝框
下部：3mm 木纹铝单板
钢龙骨
1mm 镀铝锌钢板
50mm 岩棉
加气混凝土砌块墙
室内装饰面
5 15mm 强化企口实木复合条形地板，背刷防腐剂及防火涂料，墙边带有百叶出风口
20mm 水泥砂浆找平
钢筋混凝土楼板 + 压型钢板

花园平台桥 = 桁架结构 + 庭院 + 长廊 + 小屋聚落

花园平台是一座跨越河流的平桥，由钢结构主桁架悬吊，双向的桁架隐藏在院墙中，形成了不同的庭院和小屋聚落。

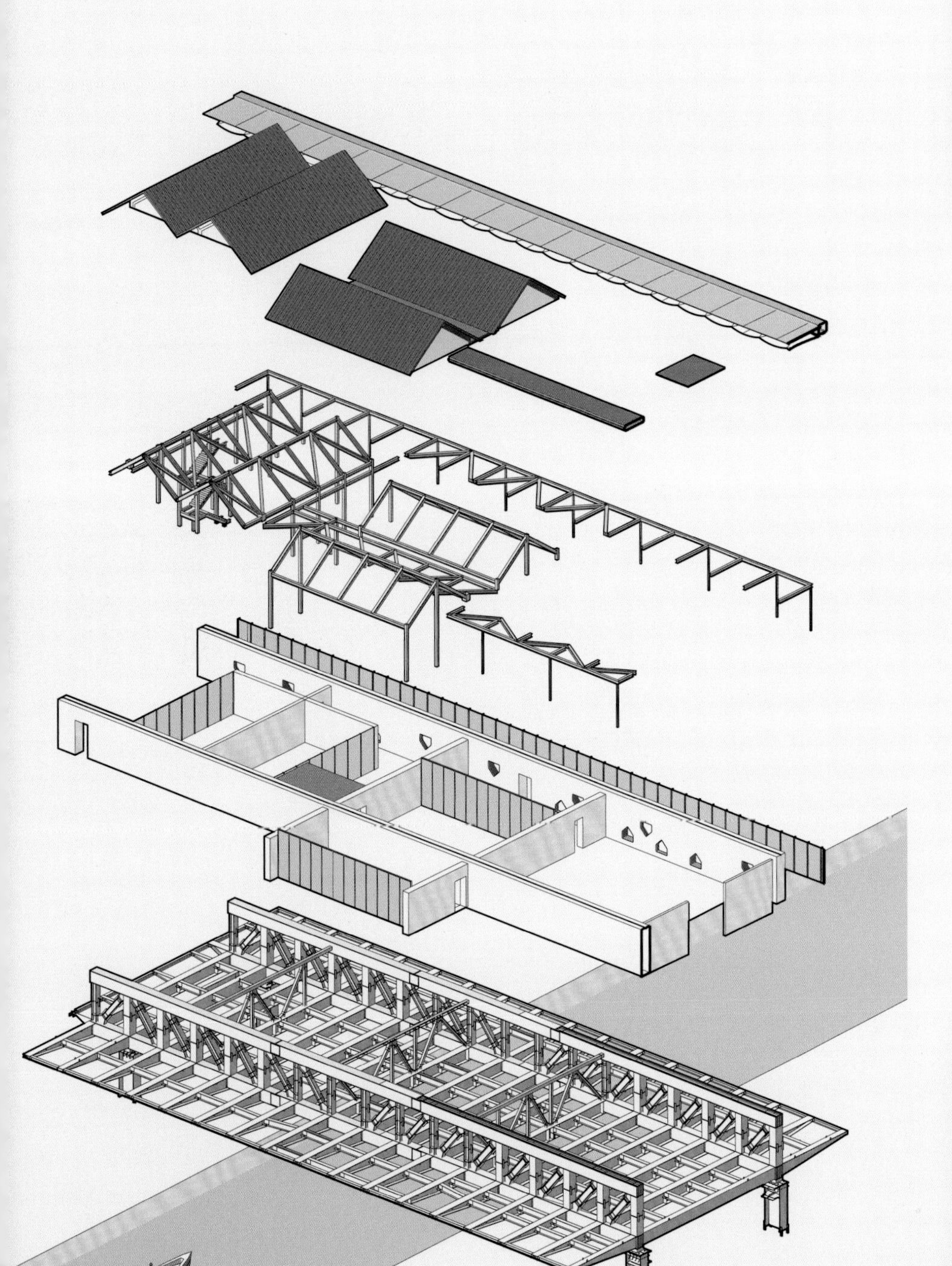

大而整的平台回应城市空间，小而散的盒体回应个体身心

A
A
入口

细胞是生命的单位

用细胞比拟建筑形制的基本单元

能让我们不断收获新的认知

着迷于结构秩序和空间内在

着迷于边界的闭合与渗透

如同在生命中

洞观细胞的繁衍

感受能量的流动

FREE CELLS

自由细胞

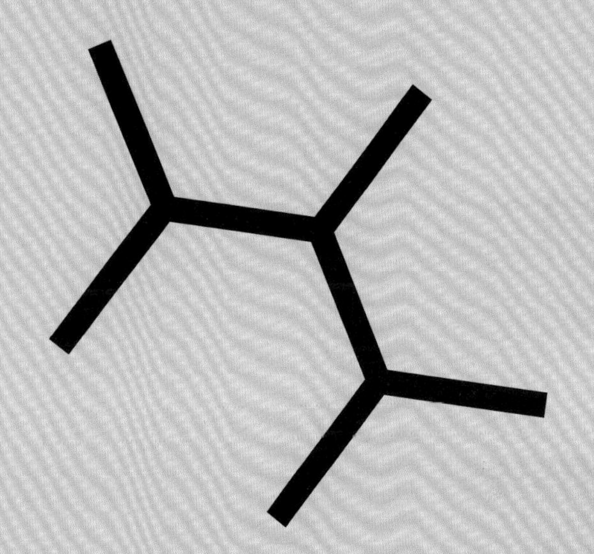

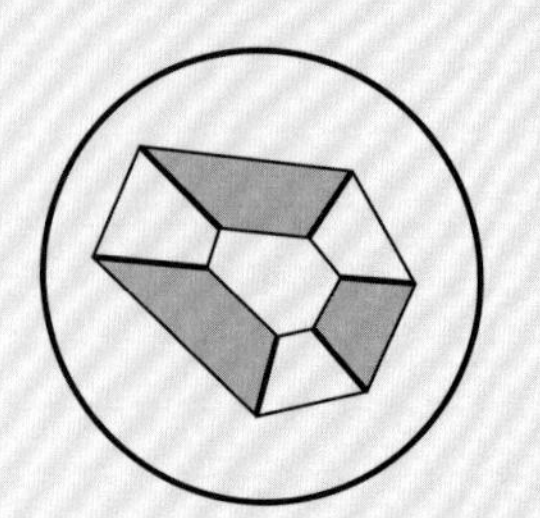

Scene Collector

采风亭

Shanghai

上海
2009—2010

Community Pavilion at Jintao Village

金陶村村民活动室

金陶村是嘉定区马陆镇大裕村的自然村之一，小河环绕、绿竹漪漪，是一座江南风貌浓郁的自然村。

村民活动室选址在村中三岔河口旁的一块晒谷场，四周环境开阔，有聚集的场所感，因此我们设计了一座六边形的环状建筑。六片放射状的墙体划分出六个空间，其中三个空间容纳了活动室、茶室和一个面向谷场的小舞台；另外三个半室外空间则分别面向三幅风景：石板小桥、三岔河口，以及水泥路桥。六个空间围着中部的一个天井，它是庭院空间的内核，六片屋顶也遵从传统内院的形制，成为一个“六水归堂”的天井。

我们将这六个空间视为一个弹性的空间聚落，淡化了其室内外属性和功能上的差异，希望用空间体验的弹性和多义性来反映闲散松弛的乡村生活。这座活动室的空间结构可以被抽象为一个“采风亭”的原型。为了增加村民对建筑的亲近感，我们决定以嫁接地域性的建造方式来呈现它——条形基础、混凝土基座、砖混承重墙以及钢结构屋面形成了结构体系，青砖墙、轻质木窗隔断、木板条吊顶以及小青瓦屋面则构成了材料语言。这些建造方法和材料语言兼顾了建构的逻辑和传统江南风貌，而墙体夹在屋顶和基座之间的做法则表达了将其视为空间原型的企图。

建成后，这里很快成为村民活动聚会的热点，他们在这里乘凉、聊天、看书、打麻将、举办展览、演出等，与这个场所建立起了情感联系。我们在内院种植了一棵桂花树，期待它在悉心呵护下逐渐长大，有朝一日亭亭如盖，庇护环绕在树下的建筑与人。

自然的风景

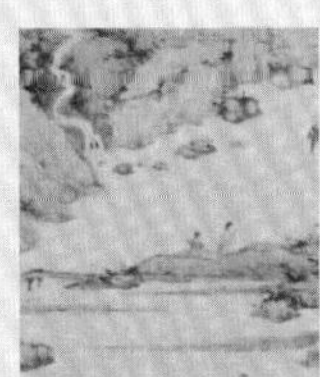

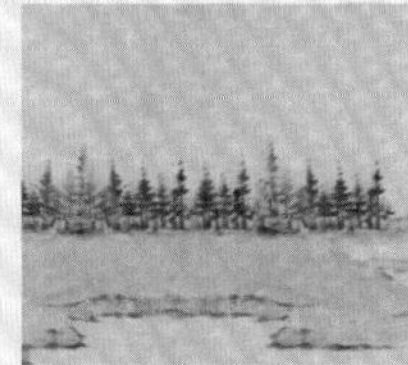

风景的提取

框景生成空间

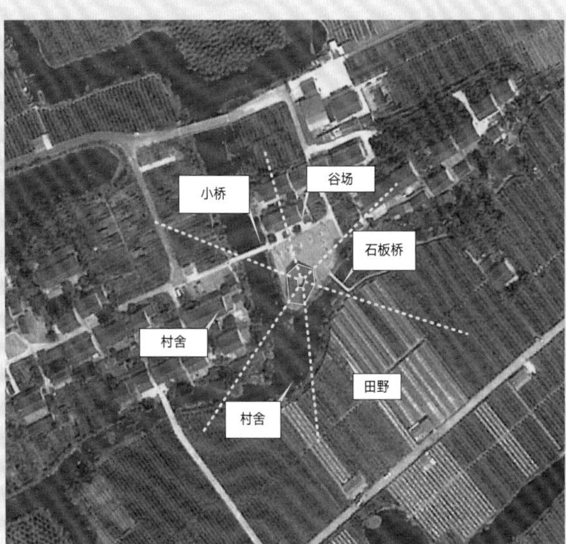

项目地点：上海嘉定区马陆镇大裕村　建筑功能：村民活动　占地面积：256 m²　建筑面积：234 m²
设计 / 建成：2009/2010　设计团队：祝晓峰、丁鹏华　业主：大裕村村委会
结构类型：砖混承重墙、钢结构屋面　主要用材：素混凝土、青砖、杉木、铝板、小青瓦

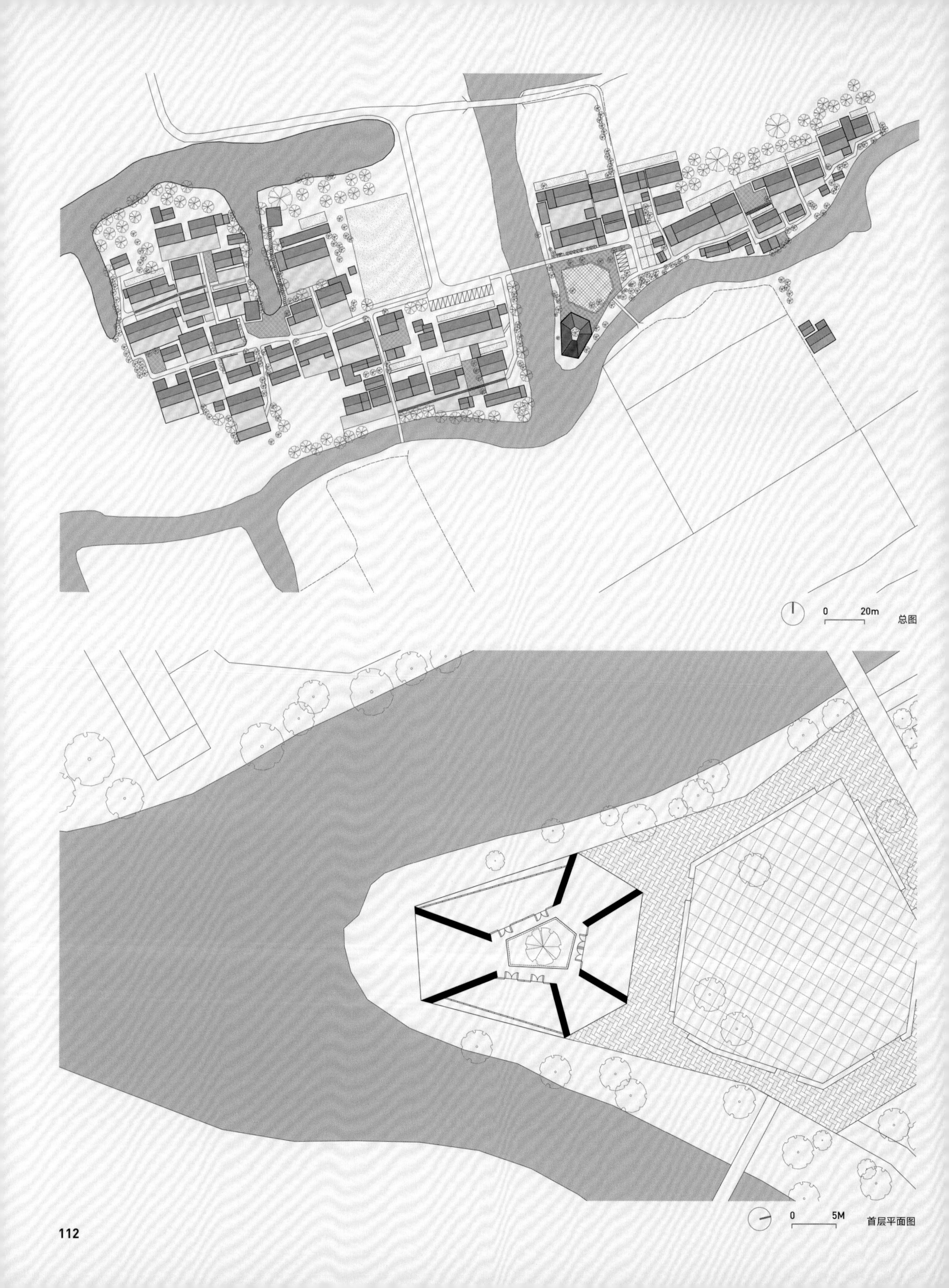
0
20m
总图
0
5M
首层平面图

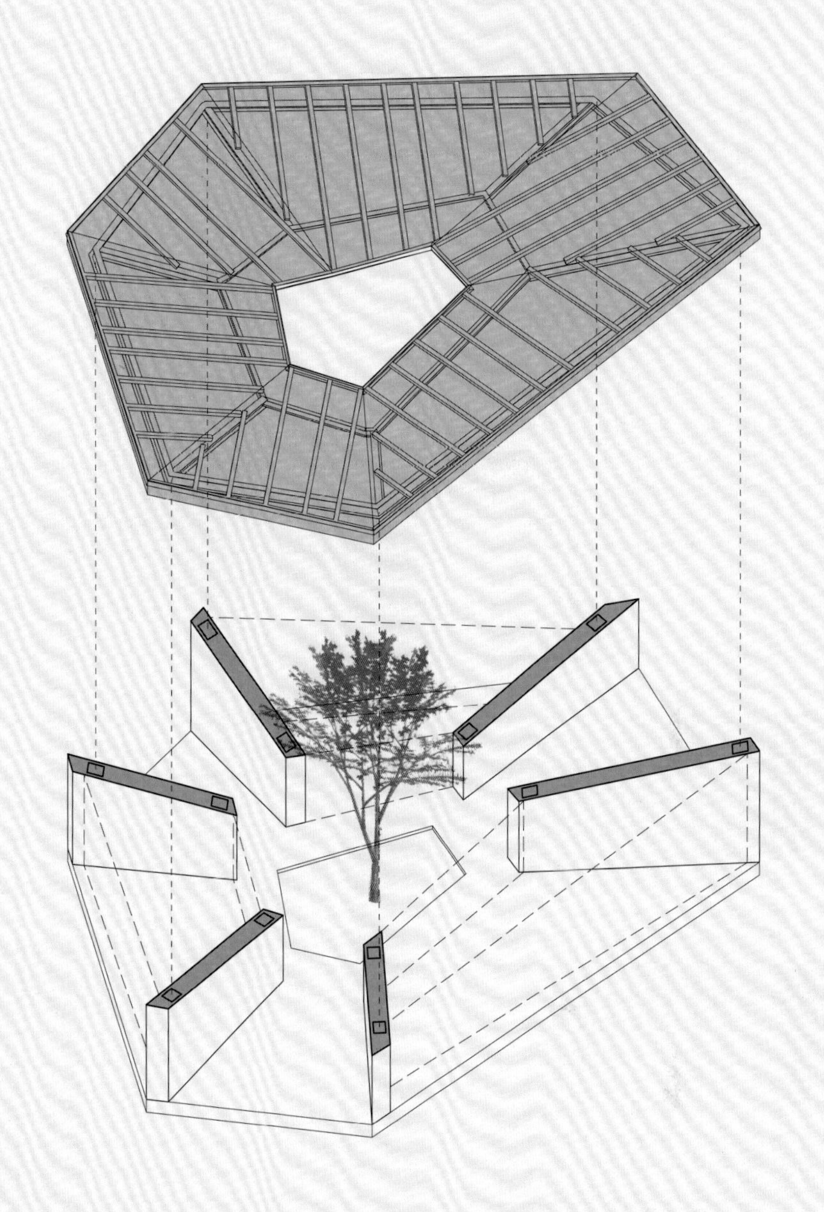

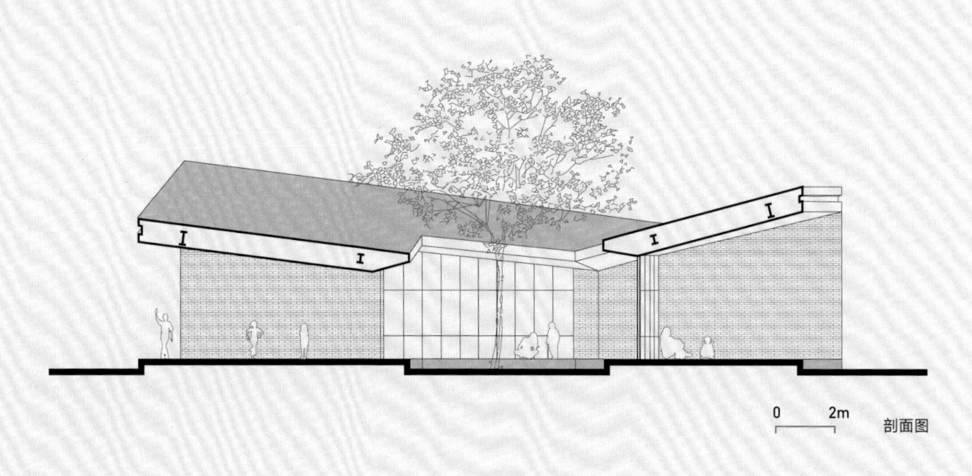

剖面图

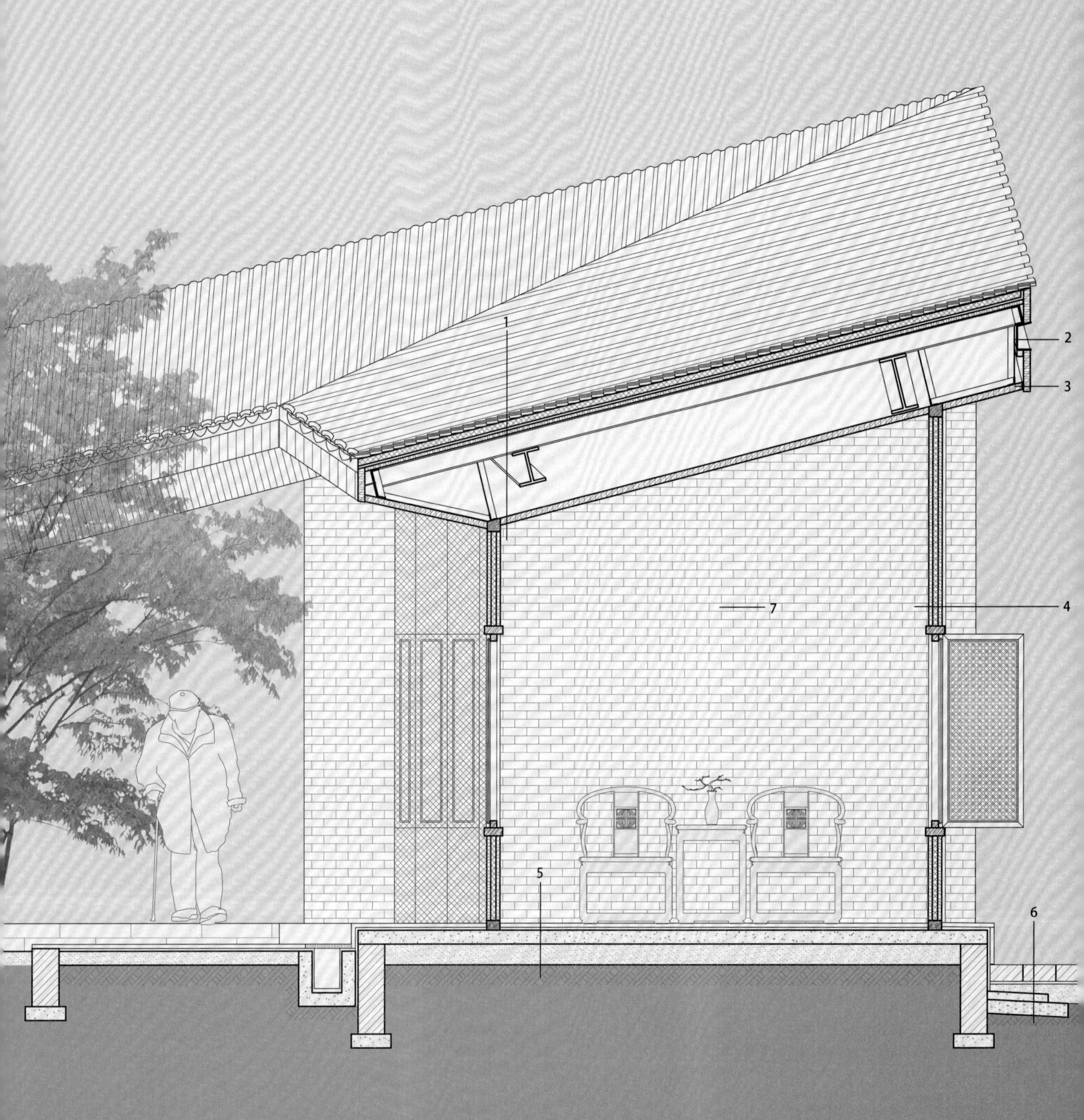
1
2
3
7
4
5
6

檐口的厚与薄

外部檐口

建筑外部的檐口比较厚实，强化了建筑体量顶部的覆盖。侧面的木板与底部吊顶材质相同，强调了放射形空间的延续性和导向性。

1 小青瓦
20mm 厚防水卷材
30mm 厚木板
钢檩条
钢结构
松木板吊顶
2 5mm 厚钢板
3 滴水
50mm × 50mm 松木板
4 室外松木板
聚苯乙烯保温板
室内松木板
5 20mm 1∶2 水泥砂浆压实抹光
撒素水泥面（洒适量清水）
1∶4 干硬性水泥砂浆黏结层
聚氨酯防水层 1.5mm 厚
水泥浆一道（内掺建筑胶）
C15 混凝土垫层 60mm 厚
150mm 厚 3∶7 灰土
素土夯实
6 120mm 厚铺砖
20mm 1∶4 水泥砂浆黏结层
60mm C15 混凝土垫层
150mm3∶7 灰土
素土夯实
7 青砖

内部檐口

庭院一侧檐口底部的吊顶向上倾斜，使得屋檐呈现的视觉效果比较轻盈，更接近于传统坡屋顶的檐口，并且采用滴水瓦这一传统构件，从屋顶汇聚而下的雨水得以灌溉庭院中的树木，营造出“六水归堂”的传统意境。

弹性和多义的空间容纳闲散松弛的乡村生活

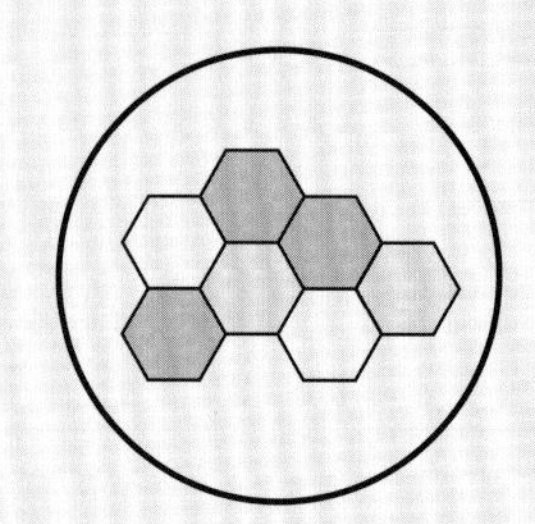

Childhood in Honeycomb

蜂巢里的童年

Shanghai

上海
2012—2015

Bilingual Kindergarten Affiliated to East China Normal University

华东师范大学附属
双语幼儿园

在中国古代建筑里，人们通过细胞般的庭院单元维系家庭的凝聚力、增进亲友之间的交往，并得以用触手可及的方式与天地、与自然相通。而这对于今天的都市人来说，已经是一种奢望。

这座幼儿园坐落在上海安亭的一片新社区中。在颇为紧张的用地中，我们不想循规蹈矩地设计一座集中式的板楼，把孩子和老师装进一排排直线串联的教室里；而是希望通过班级单元和活力庭院的有机结合，帮助现代都市里的儿童在庭院生活中认识自然、认识社会、塑造自己。

我们顺应场地西侧的斜向边界，将建筑布局成带有退台的W形，最大限度地获得东、南、西三面的日光。经过研究，我们发现六边形的蜂巢单元能够更好地适应W形的转折，其围合的空间更有活力和凝聚性，也能够消解传统四合院正交轴线所产生的强烈仪式感。最终形成的单元体是三边等长的不规则六边形，使我们能够根据日照和功能的需要进行灵活的组合。

进入大门，学生和老师沿着六边形边缘曲折的廊道行走，经过入口庭院和门厅，经过路径的分岔与合并，经过花草丰茂的重重院落，抵达所在的班级。教室内的集中活动围绕中心圆柱展开，外墙的凸窗则是孩子们阅读、绘画和照料小植物的场所。所有教室都与室外的分班活动场地直接相连，两个班级分享一个活动庭院。从这里出发，孩子们可以去往散布在园内的图书室、音乐室、美术室、游戏室、食堂、多功能厅和小农场等，或者通过户外楼梯便捷地加入到一楼大操场的活动中。

我们将各种尺度的室内空间和庭院空间精心地串联在路径上，使孩子们的每一次“外出”都能够通过庭院获得更多与“自然”和“社会”接触的机会。我们相信这些探索、发现和交流的经验，将以潜移默化的方式成为他们童年记忆的一部分。

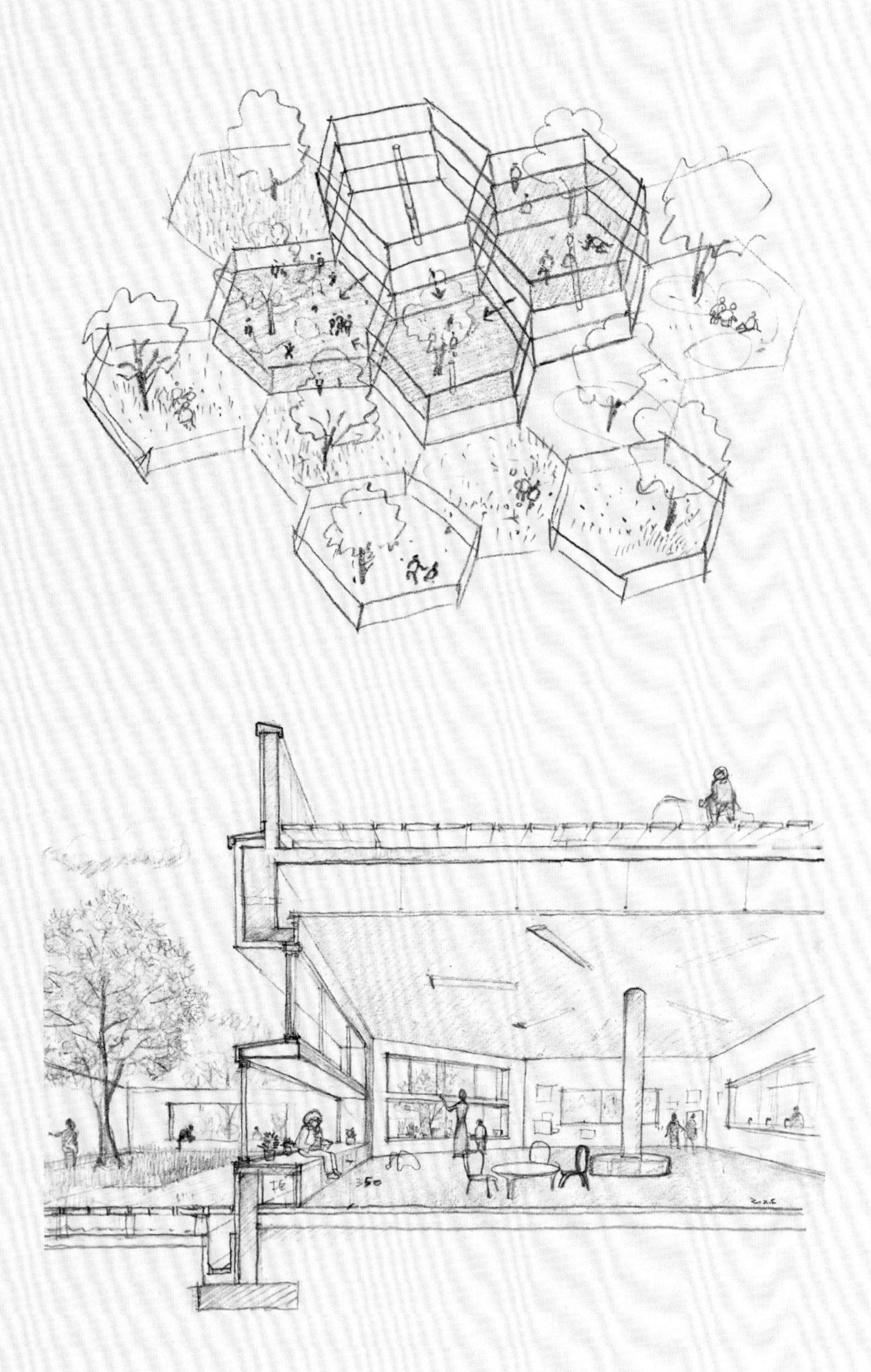

项目地点：上海市嘉定区安亭镇　项目功能：15 班幼儿园　建设用地：7400 m²　建筑面积：6600 m²

设计 / 建成时间：2012/2015　设计团队：祝晓峰、李启同、丁鹏华、杨宏、杜洁、石延安、蔡勉、杜士刚、江萌、胡启明、郭瑛

业主：上海国际汽车城（集团）有限公司　合作设计院：上海江南建筑设计院有限公司

建筑结构：钢筋混凝土框架结构，部分走廊为钢结构　主要用材：白色氟碳涂料、透明及丝网印刷玻璃、铝型材、塑木地板

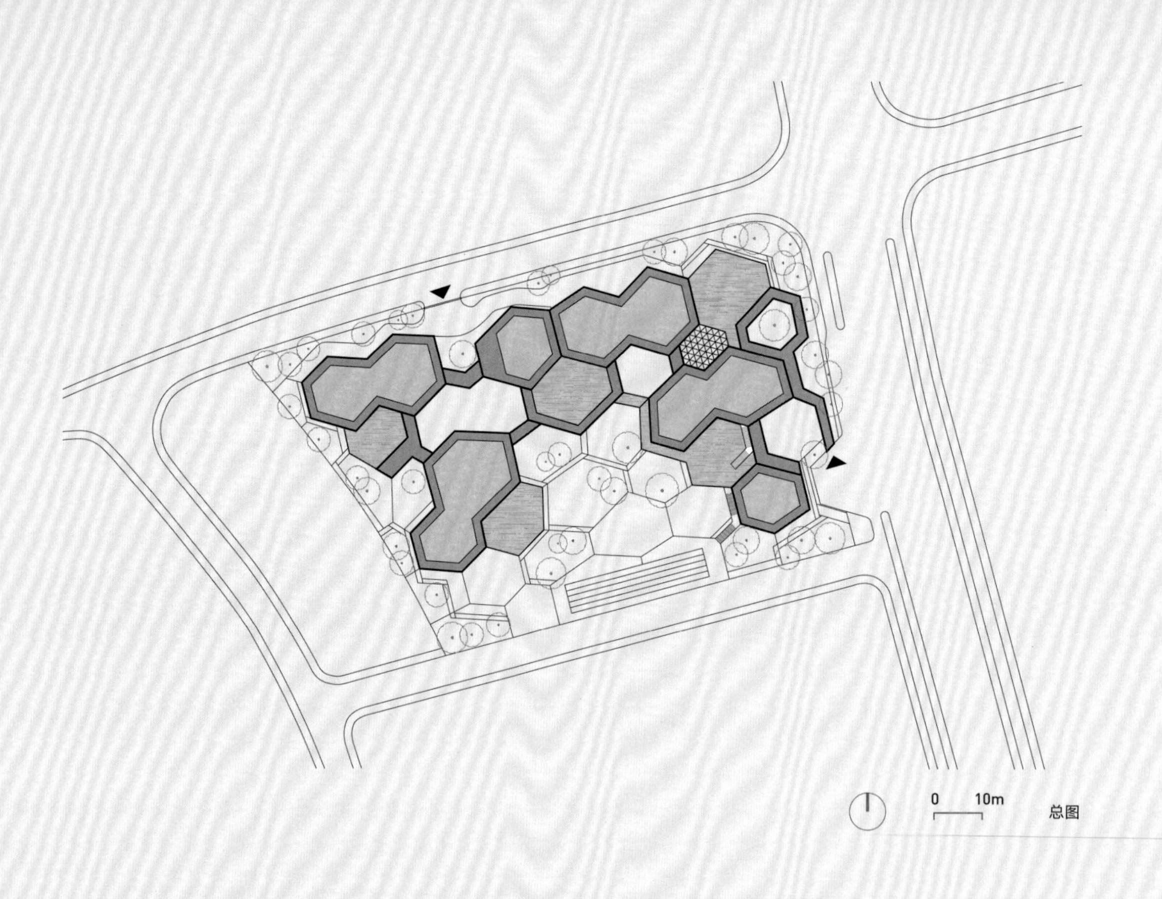

总图

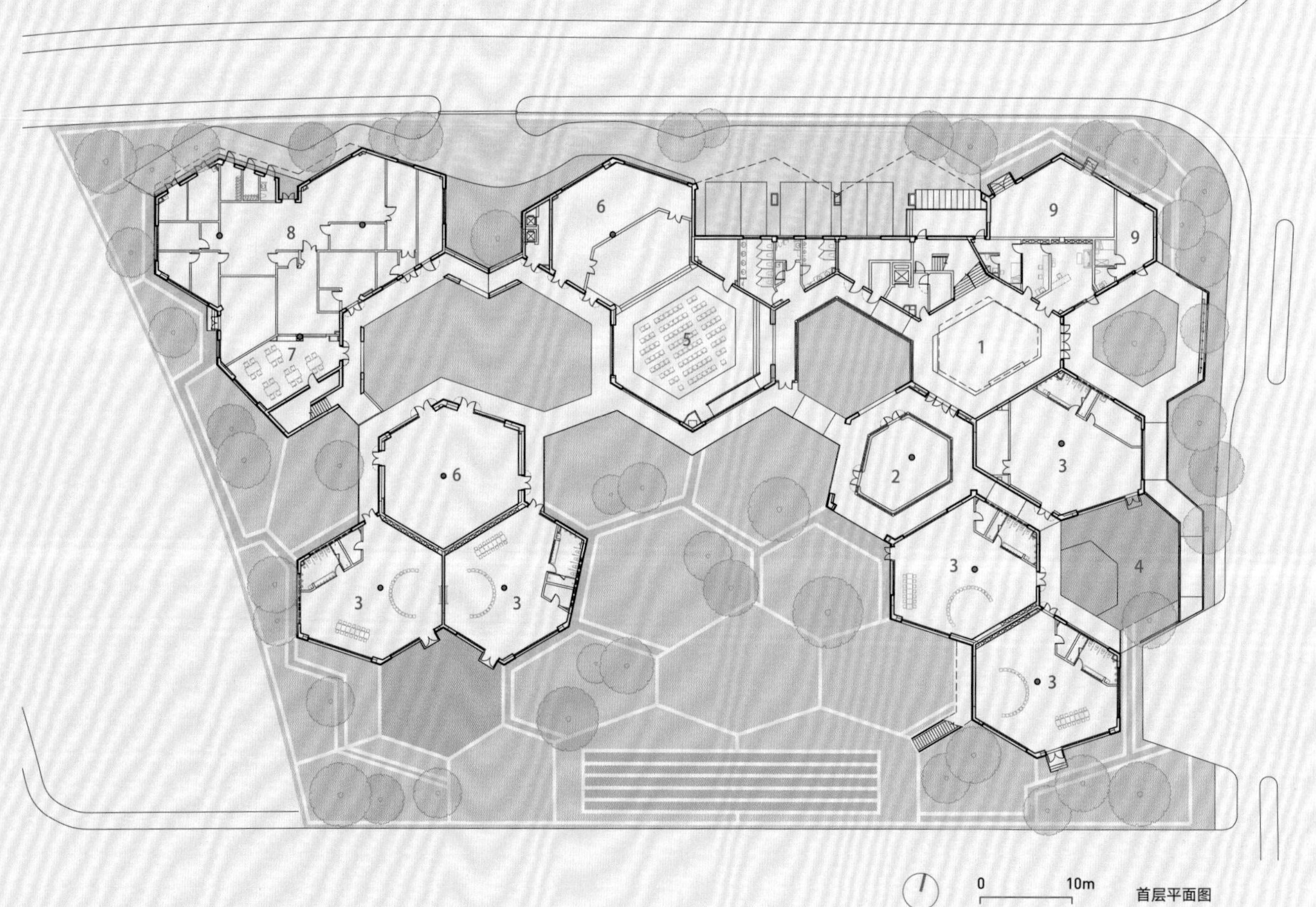

首层平面图

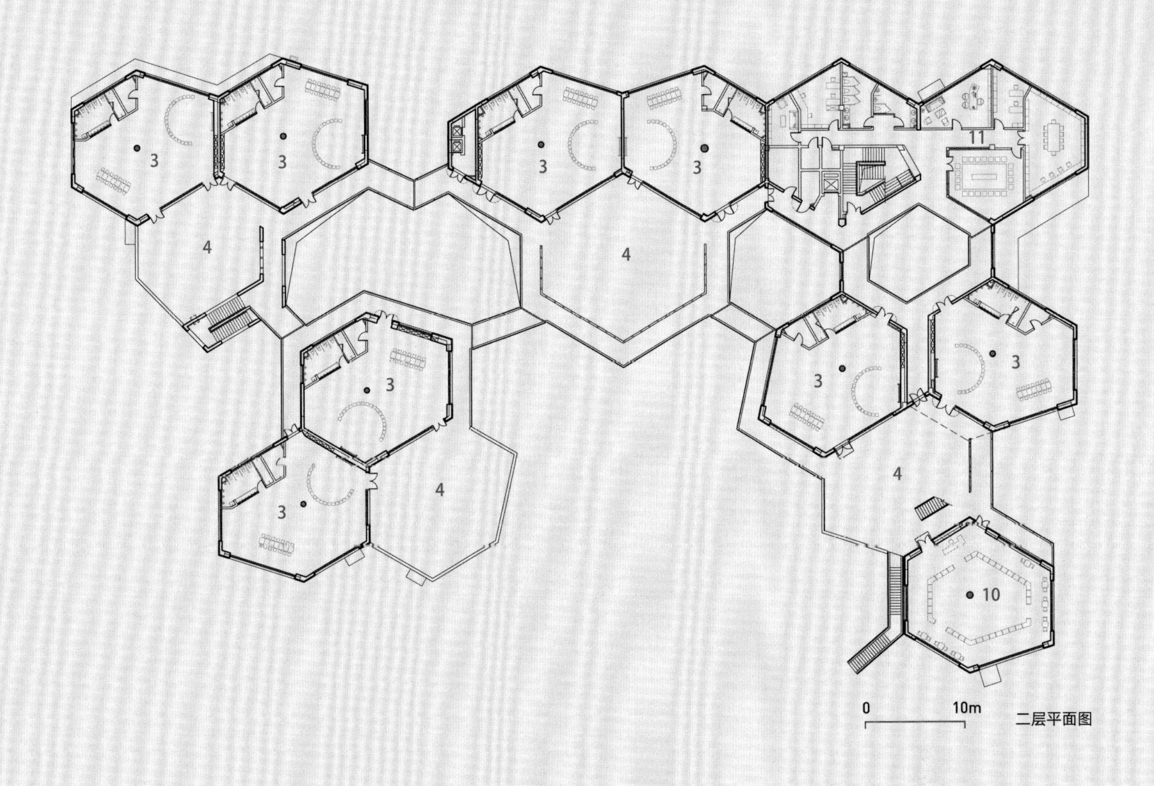

二层平面图

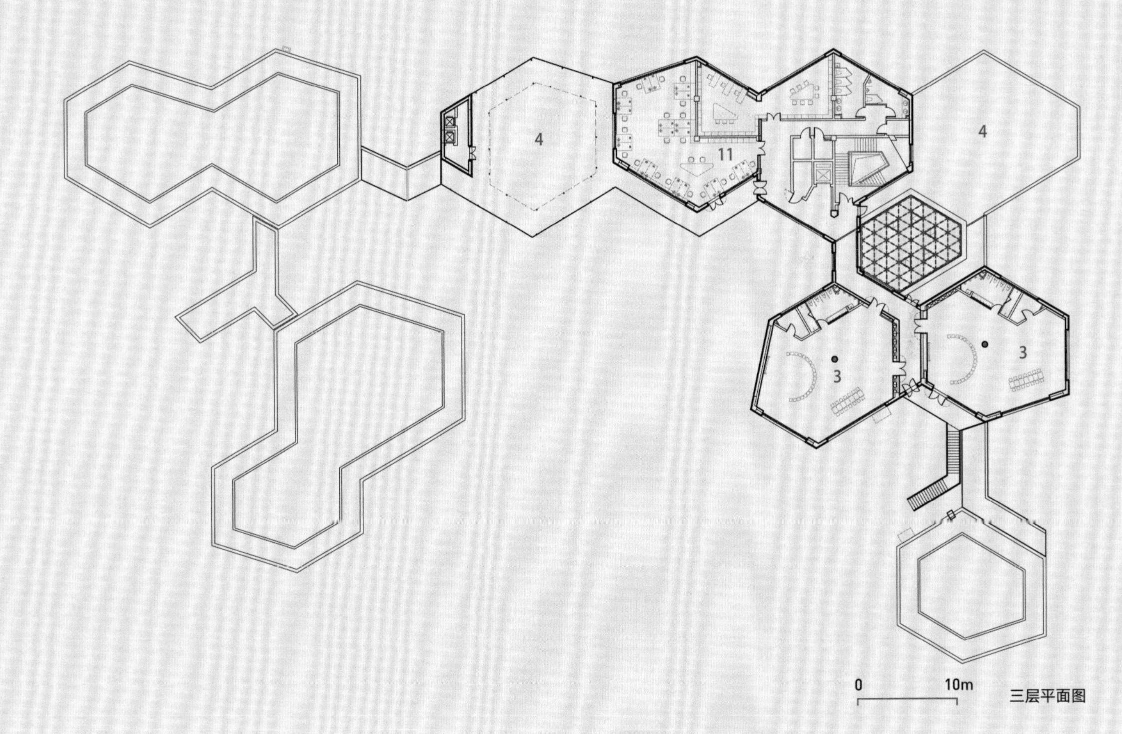

1　大厅
2　托儿活动室
3　班级
4　分班活动平台
5　多功能厅
6　专业活动室
7　食堂
8　厨房
9　服务用房
10　图书馆
11　办公

三层平面图

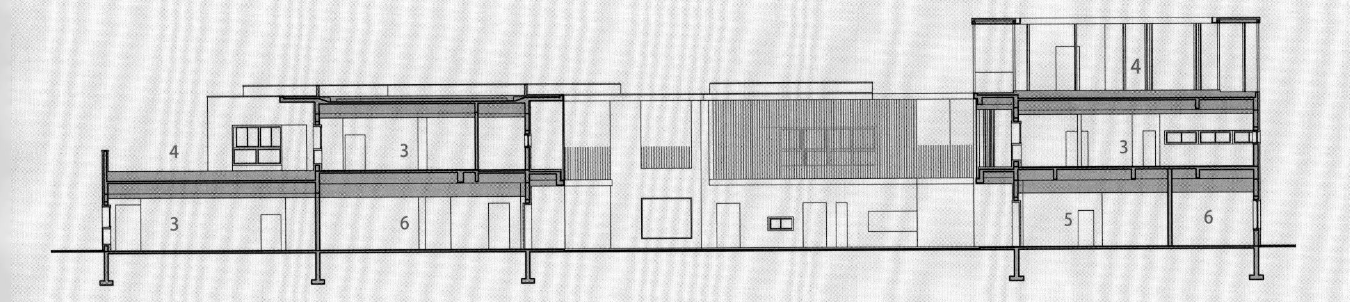

剖面图

凹凸窗的内与外

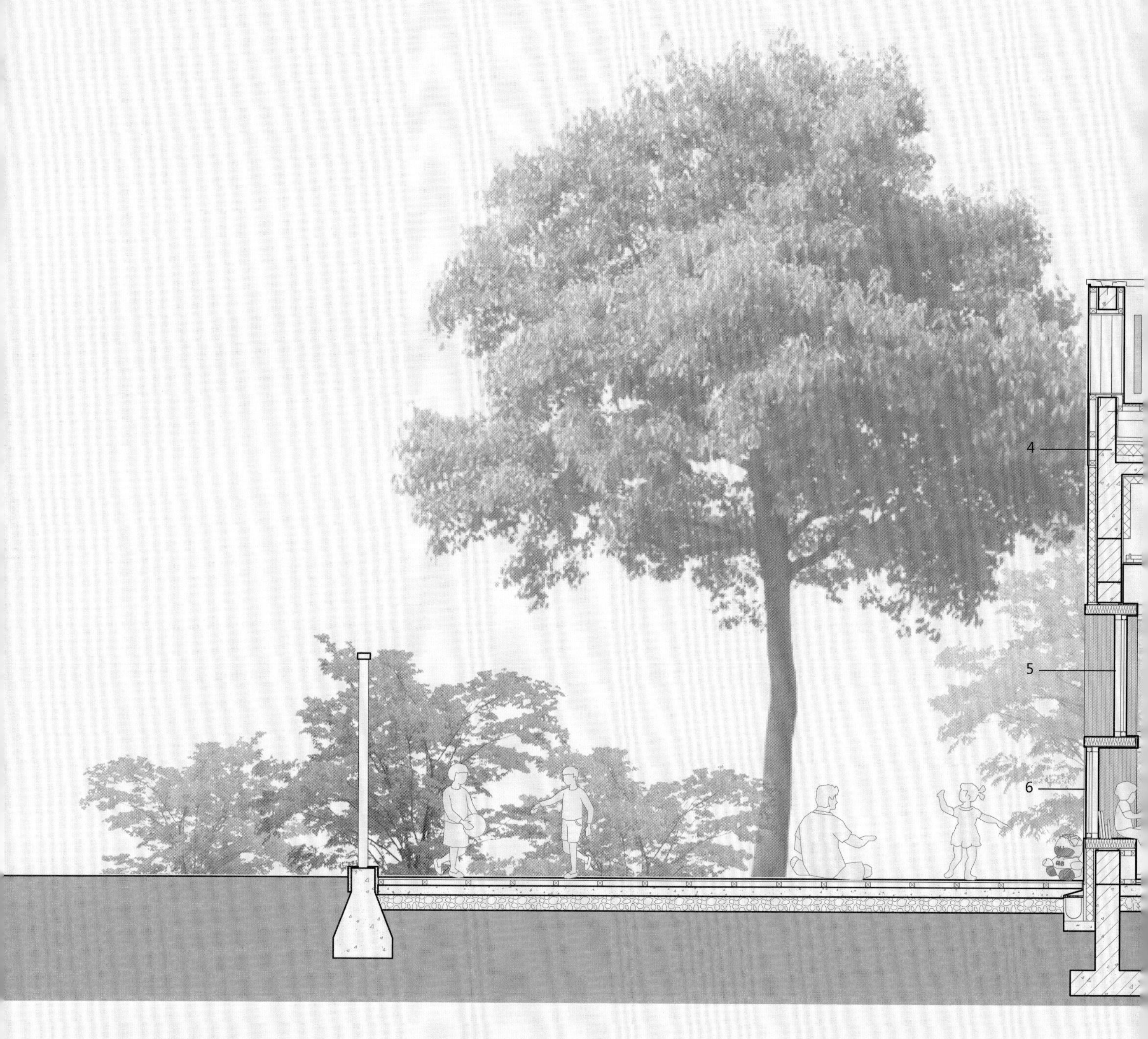

1 30mm 厚粒径 15mm 卵石
40mm 厚 C20 细石混凝土刚性保护层
10mm 厚石灰砂浆隔离层
2.5mm 高分子防水卷材两道
1mm 厚涂膜胶隔汽层
20mm 厚 1∶3 水泥砂浆找平
105mm 厚泡沫玻璃保温板保温层
陶粒混凝土找坡最薄处大于 30mm
现浇钢筋混凝土楼板，纯水泥砂浆一度刷面

2 白色氟碳面漆
水性渗透型防水底漆一道
弹性底涂，柔性耐水腻子
6mm 抹面砂浆找平（内夹耐碱玻纤网格布）
70mm 厚泡沫玻璃保温板
2mm 黏结剂
5mm 聚合物水泥防水砂浆（干粉）
20mm 1∶3 水泥砂浆找平（内夹钢丝网）
多孔混凝土墙

3 25mm 厚塑木地板
50mm × 50mm 厚次木龙骨 @ <400
60mm × 90mm 或 50mm × 50mm
厚主木龙骨 @ <1200mm
龙骨架空 20mm 起，与防腐木垫块钉牢
200mm × 200mm 砖垫块 @ <1800mm，
与防腐木垫块钉牢
40mm 厚 C20 细石混凝土刚性保护层
10mm 厚石灰砂浆隔离层

2.5mm 厚合成高分子防水卷材两道，刷配套底胶料

1mm 厚涂膜胶隔汽层

20mm 厚 1∶3 水泥砂浆找平

105mm 厚泡沫玻璃保温板保温层

陶粒混凝土找坡，最薄处不小于 30mm

现浇钢筋混凝土屋面板，纯水泥砂浆一度刷面

4 20mm × 100mm 木色铝型材

40mm × 40mm 热镀锌方钢管 @400mm

5mm 厚聚合物水泥防水砂浆（干粉）

20mm 厚 1∶3 水泥砂浆找平

现浇钢筋混凝土边梁

5 凹窗（教师开启）

3mm 厚铝板，木色

钢梁间，钢梁与铝板间填充半硬质玻璃棉板，70mm 厚

钢梁（内填充半硬质玻璃棉板）

10mm 厚实木装饰面板（室内）

6 凸窗（幼儿使用）

做法同 5

7 4mm 环保亚麻地板，建筑胶黏剂粘铺

刷素水泥一道

30mm 厚 1∶2.5 水泥砂浆找平层

现浇钢筋混凝土楼板

Exterior

Interior

1 推拉窗

2 固定扇

3 仿木纹铝板

4 木饰面

5 实木收边

6 岩棉

孩子的凸窗与老师的凹窗

班级单元的窗户分为上下两部分：下部为固定凸窗，窗台高度为 300 毫米，是为儿童的尺度量身定做的“洞穴式”小空间，供他们玩耍、阅读和照料小植物；上部为可开启凹窗，方便女性老师开启。

庭院班级的聚落

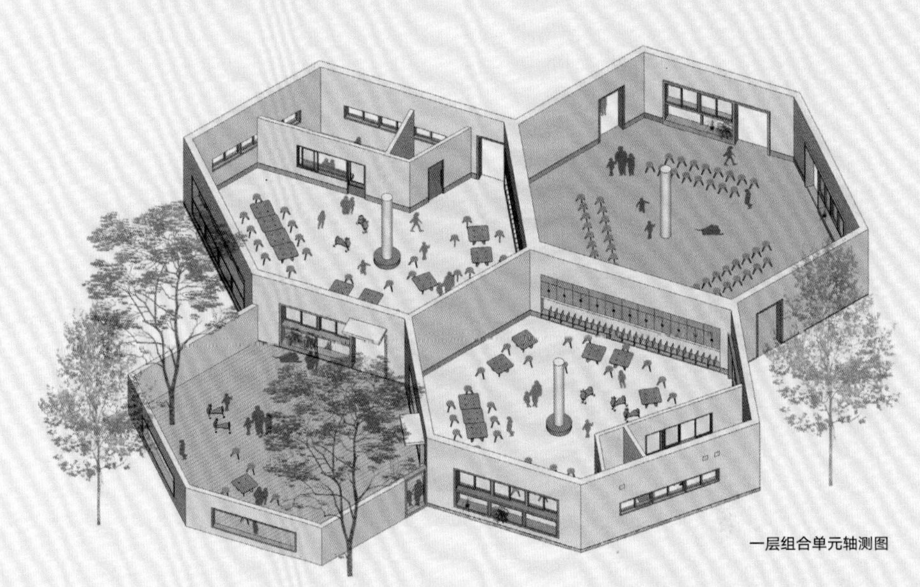

六边形的教室单元具有向心性，中心柱强化了这种凝聚性，并且鼓励使用者灵活布置空间。

一层组合单元轴测图

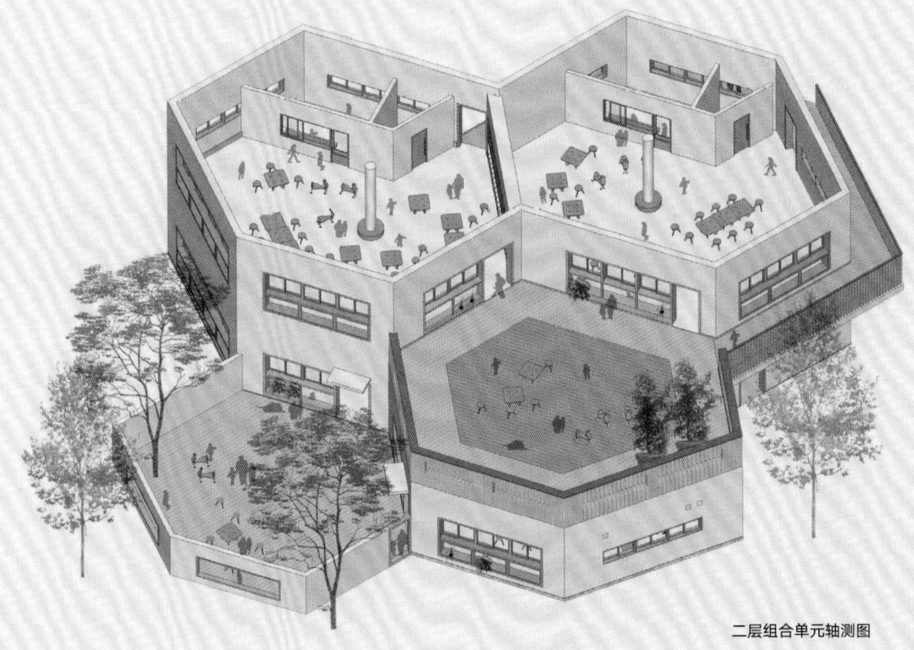

两个班级共享一个庭院，不仅提供了亲切的户外空间，也促进了班级间的交流。交错退台的布局模式，在不同楼层的庭院之间形成了有趣的互动。

二层组合单元轴测图

gb

班级单元和活力庭院的有机结合能够帮助现代都市里的儿童
在庭院生活中认识自然、认识社会、塑造自己

Music

探索、发现和交流的建筑体验将以潜移默化的方式成为童年记忆的一部分

Library
图书馆
消火栓

蜂巢形教室在中心和边界触发了多元化的使用方式

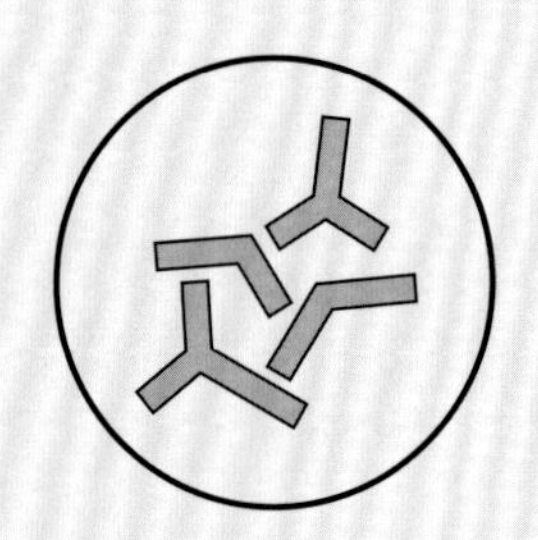

Floating Trees

悬浮之树

Shanghai

上海
2012—2013

Shanghai Google Creators' Society Center

上海谷歌创客活动中心

创客活动中心的基地位于上海市中心西南区域一条城市干道旁边，是一块需要开放给大量人流穿行的公共绿地。场地的开放属性，以及其中的六棵老香樟，成为了设计的出发点，并由此确立了两个基本的设计策略：一是建筑主体抬高至二层，最大化开放地面的绿化与步行空间；二是在保留六株大树的同时，在建筑与树之间建立亲密的互动关系。

最终完成的建筑由四座独立的悬浮体串联而成。如同树干支撑着树枝并向树叶输送养分一样，底层的 10 片混凝土墙支撑着上部结构，并收纳了所有竖向的设备管道。其表面的镜面不锈钢消解了自身，同时凸显了地面层的开放和上部的悬浮感。四个单体围合成通高的室内中庭，透过四周悬挂的全透明玻璃以及顶部天窗，引入外部的风景和自然光，使空间内外交融。

四个悬浮体的悬挑结构由钢桁架实现，它们在水平方向上以 Y 形或 L 形的姿态在大树之间自由伸展。由波纹扭拉铝条构成的半透“粉墙”，以若隐若现的方式呈现了桁架，并成为室内外空间的容器和间隔。穿行于这些半透墙体的内外，小屋、小院、小桥和枝叶一起在漫步的路径上交替出现，共同实现了自然、建构和时空交汇的环境体验。这是一件由建筑和自然合作完成的作品。

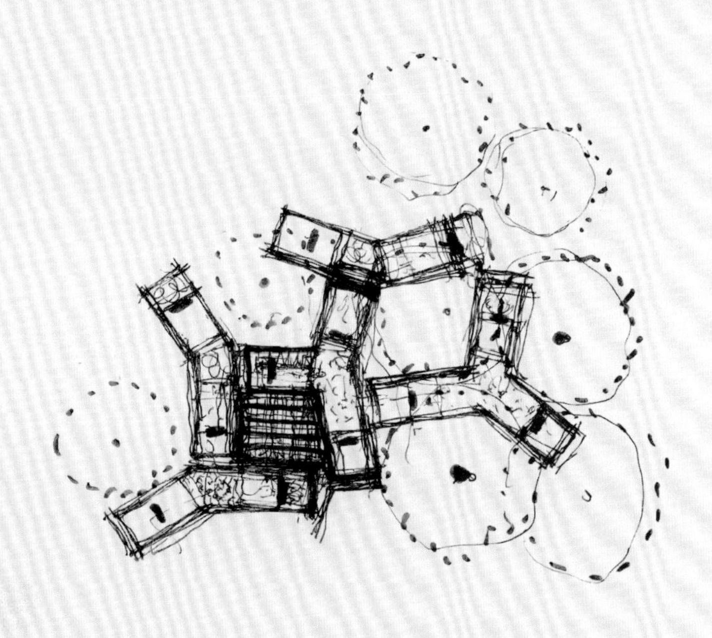

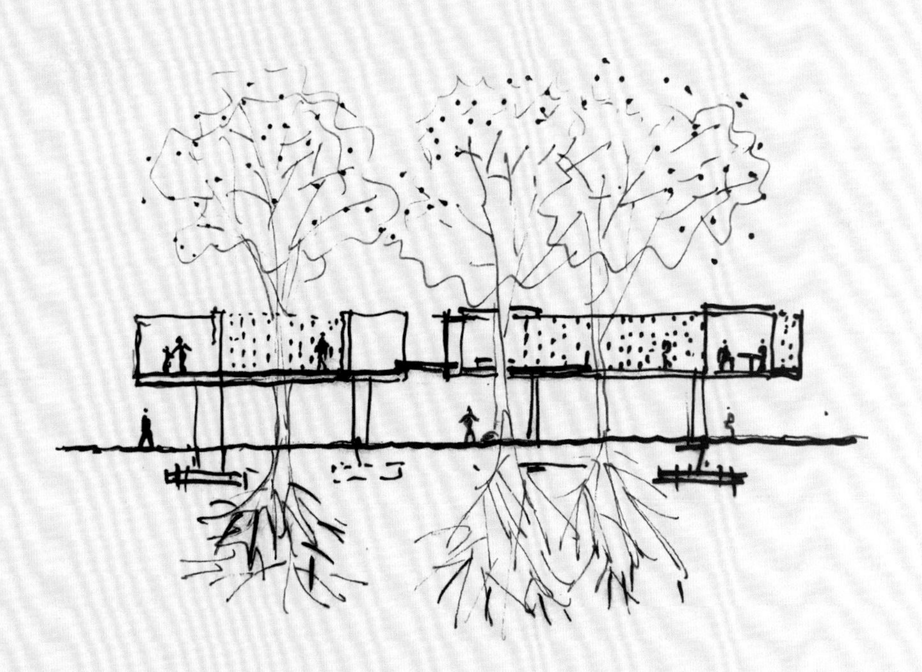

项目地点：上海市徐汇区桂林路宜山路　项目功能：展览、科技文化交流、茶室　基地面积：1904 m²　建筑面积：730 m²

设计 / 建成时间：2012 / 2013　设计团队：祝晓峰、丁鹏华、蔡勉、杨宏　业主：华鑫置业

结构设计：绿地钢构　景观设计：地茂景观公司　结构体系：钢骨混凝土剪力墙、钢桁架结构

主要用材：镜面不锈钢、扭拉铝条、透明及丝网印刷玻璃、实面及穿孔铝板、豆石、水

首层平面图

1 展厅
2 休息区
3 多功能区
4 接待
5 休息平台
6 水池
7 设备用房
8 上空
9 讨论室
10 办公
11 会议室
12 卫生间
13 茶室
14 水院
15 石院

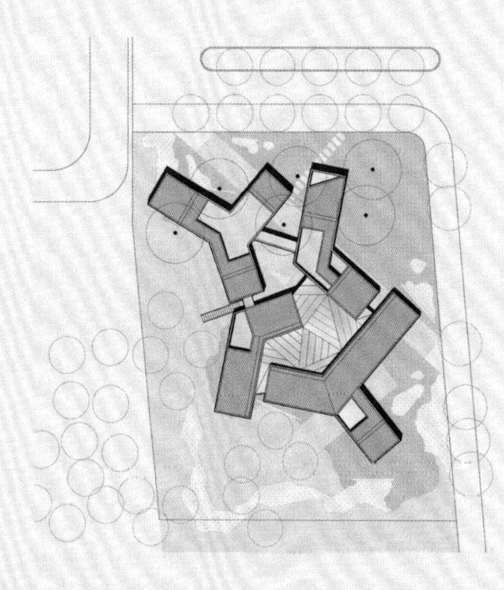

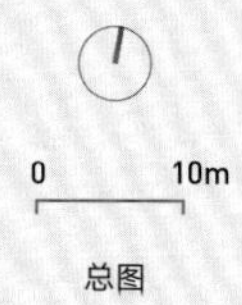

总图

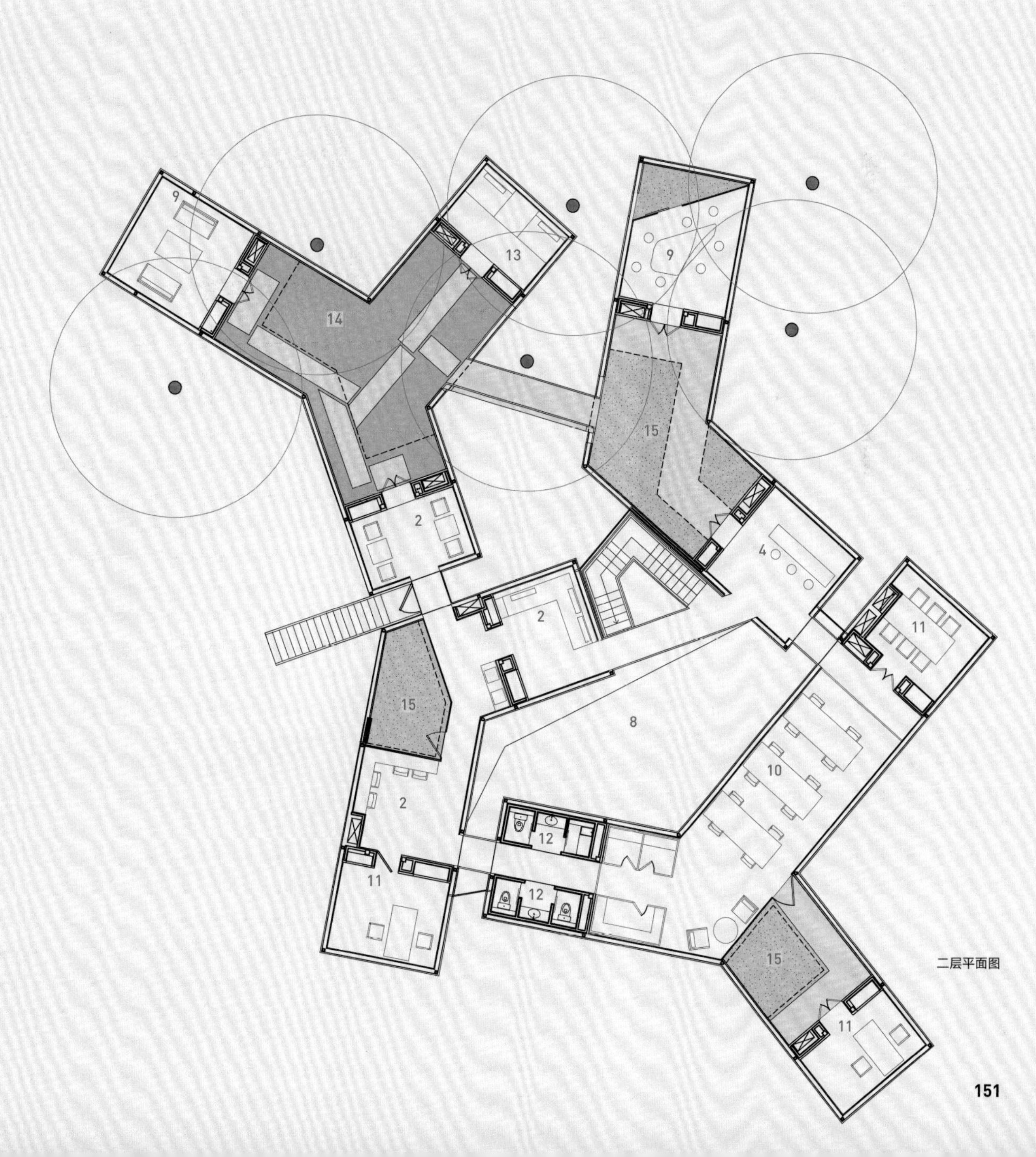

二层平面图

5
6
1 展厅
2 办公
3 石院
4 会议室
5 水院
6 水池

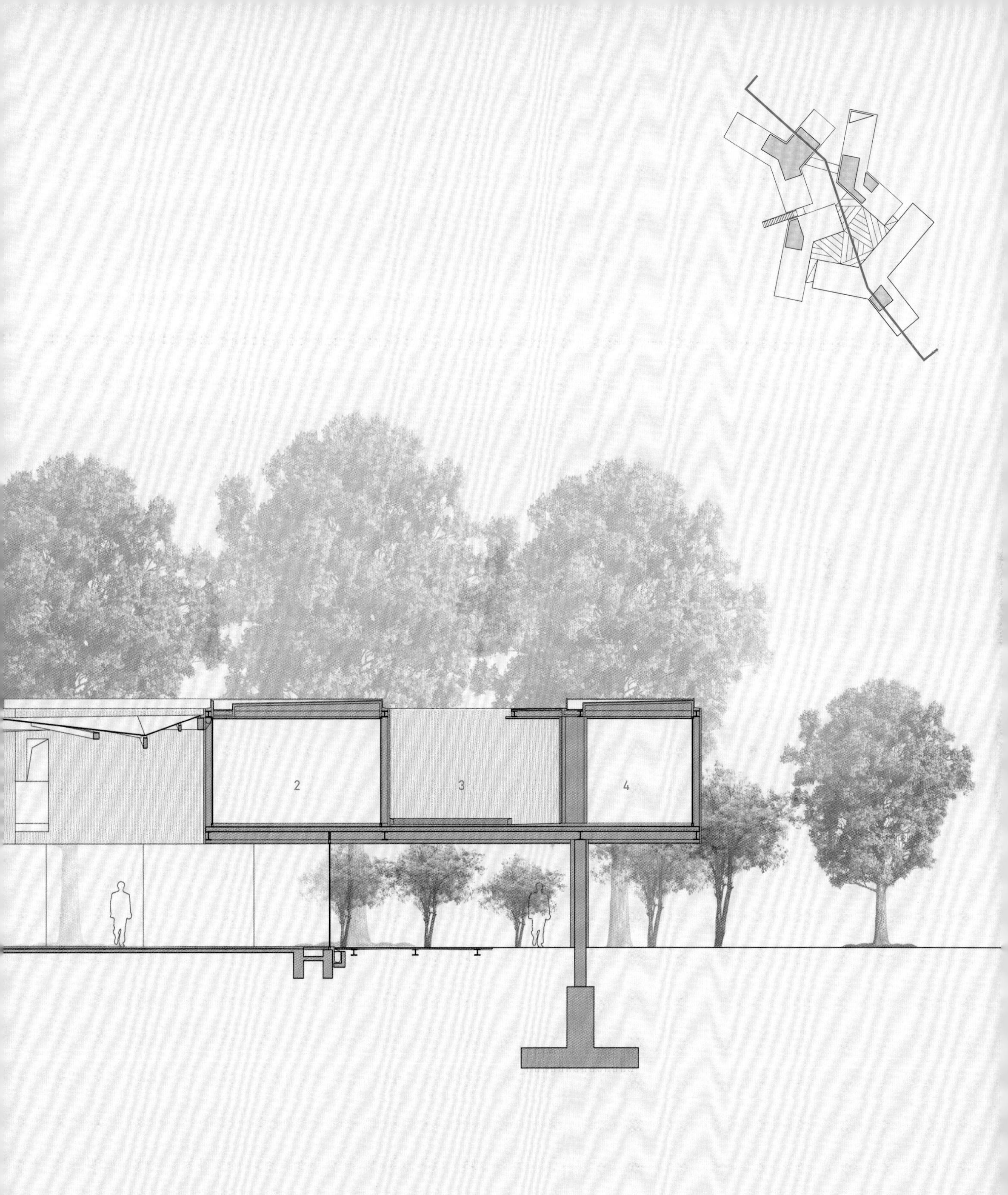

剖面图

1 沥青瓦

3mm 厚 APP 改性沥青防水卷材

50mm 厚彩钢夹芯板屋面

2 波纹扭拉铝条板

中空玻璃门联窗

3 浸封保护层

15mm 厚彩磨石

35mm 厚细石混凝土找平层，内配双向直径 4mm 钢筋 @200

30mm 厚 EPS 聚苯板保温板

压型钢板钢筋混凝土组合楼板

4 浸封保护层

15mm 厚彩磨石

35mm 厚抗裂砂浆找平层

水泥浆一道

120mm 厚 C20 混凝土垫层

150mm 厚碎石压实

5 钢筋混凝土基础

钢筋

渗水管

与树共生

半透明基础

为了保护基地内的六棵香樟树，采用了浅埋深的放大基础。此外，基础中预埋了可渗透的 PVC 管，让雨水可以穿过基础到达根系，使树木得以继续茁壮生长。

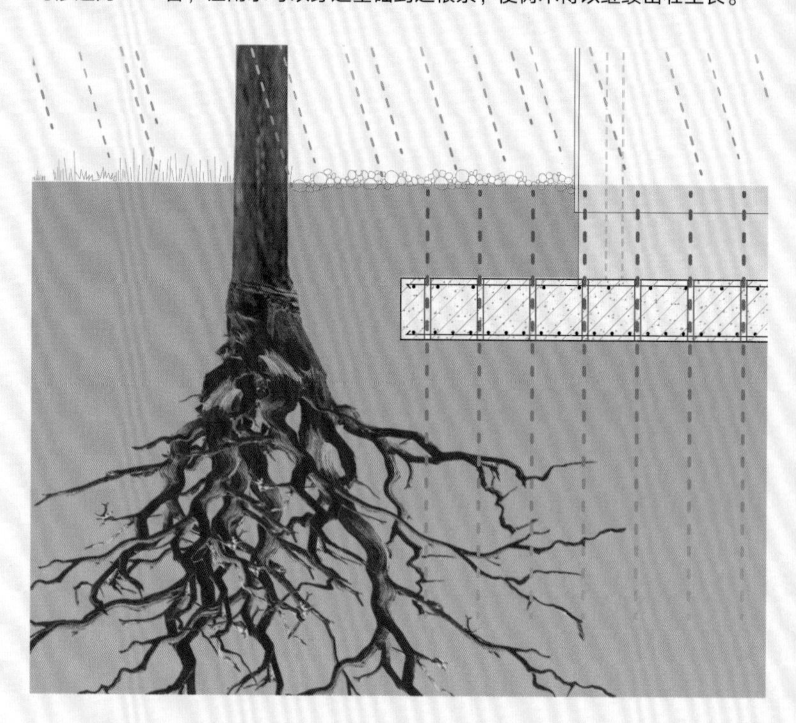

隐身支撑结构

底层的 10 片混凝土墙支撑着上部结构，并收纳了所有竖向的设备管道，其表面包敷的镜面不锈钢映射着外部的绿化环境，从而在消解自身的同时凸显了地面层的开放和上部的悬浮感。

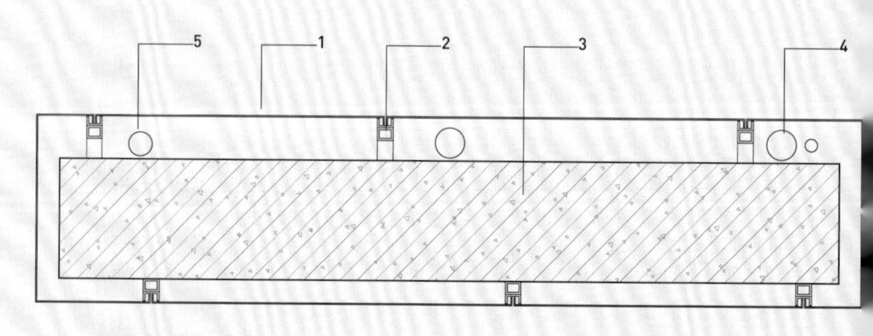

1 镜面不锈钢板

2 镀锌钢龙骨

3 钢筋混凝土剪力墙

4 雨水管

5 强电管线

人造树叶

波纹表皮的设计来自树叶的启示，即在遮阳避雨的同时让日光、微风和雨露得以渗透。相同规格的波纹扭拉铝条在下端紧固，上端由螺栓调节，通过 90° 的交错布置形成了丰富的表面肌理和细腻的光影变化。

石院与水院

二层是供接待和研讨的安静场所，白石子铺地的庭院使步行的体验变得松软，水池庭院则反射出树、人、墙的倒影，在垂直方向扩展了景观与树下的空间。二层水院与一层水池通过连桥上的人工瀑布形成水循环，在噪声和温度上改善了底层的微环境。

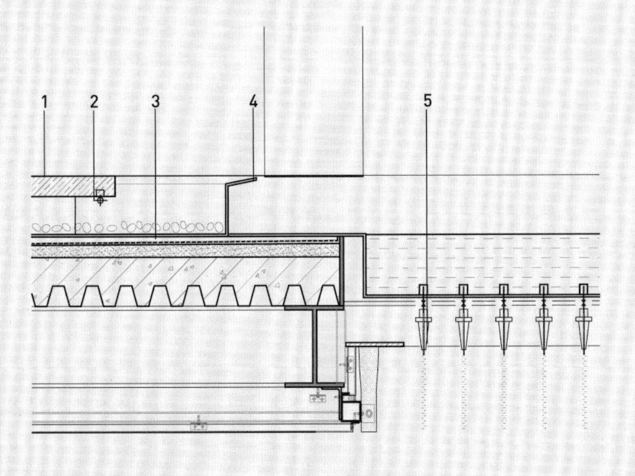

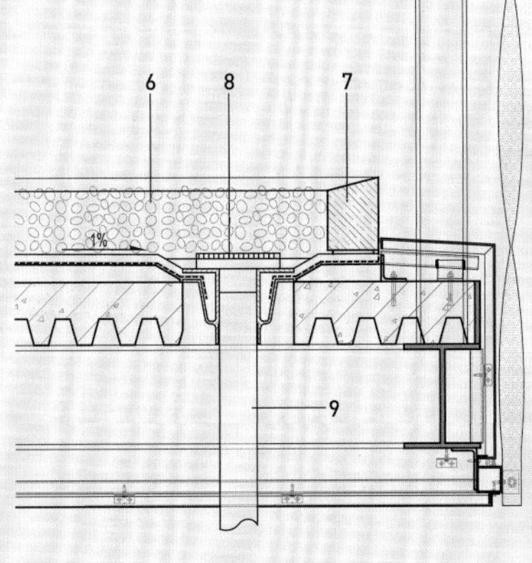

1 水中青石踏步
2 LED 灯照明
3 不锈钢水池
4 溢水口
5 瀑布出水口
6 白色砂石
7 石材
8 铁篦子
9 排水管

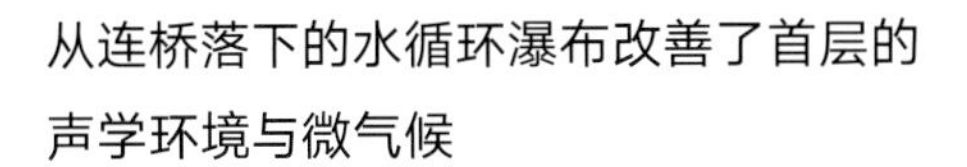

从连桥落下的水循环瀑布改善了首层的声学环境与微气候

如同树干支撑着树枝并向树叶输送养分一样，底层的 10 片混凝土墙支撑着上部结构，并收纳了所有竖向的设备管道

穿行于这些半透墙体的内外，小屋、小院、小桥和大树在漫步的路径上交替出现，共同实现了自然、建构和时空交汇的环境体验

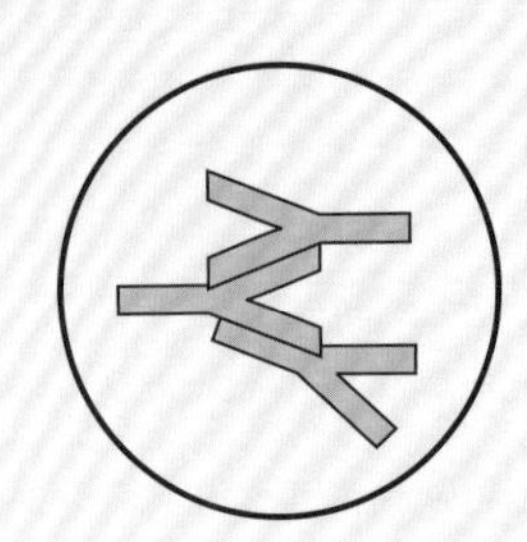

Enlightenment of Waves

海浪的启示

Lianyungang City

连云港，2007—2009

Dashawan Beach Facility at Lianyungang

连云港大沙湾海滨浴场

连云港被称为亚欧大陆的“东桥头堡”，大沙湾海滨浴场位于连岛东西两山之间的山坳处，朝东面向太平洋。这片“江苏省最好的沙滩”在夏季高峰时每天吸引 2 万多名泳客，我们的任务是为不断增加的客流设计一座新的海滨建筑，提供充足的更衣设施，以及餐厅、酒廊、健身娱乐和酒店客栈。

我们用退台的方式把建筑由下至上放置在山坡上，将人流引到不同的平台并借用屋顶平台观景。建筑同山体结合在一起时，就会成为从山坡到沙滩、再到大海这个自然剖面的一部分。海浪的断面是动态的，前后的波浪总是在相互追赶和交错。为了给建筑注入海浪的活力，我们将更衣室、餐吧、客栈三组功能分别植入三个 Y 形单元，让它们自由地搭接在一起，向不同方向和高度延伸，形成了连续交错的动线和多样化的户外空间。在海浪的启示下，这座建筑摆脱了“楼层”的划分和枷锁，获得了与海浪相仿的“玩伴”关系。

建筑主体的表面我们采用了露明混凝土，以其灰色斑驳的粗犷质感匹配粗粝的沙滩。屋顶草坪与山体环境融为一体，更衣室外斜坡上的沙子则与沙滩连成一体。在屋顶步道与平台上，防腐木地板为散步的人提供轻松的感受；在更衣室和淋浴间，外墙玻璃砖和隐蔽式的天窗为使用者引入了自然光。

作为概念起点的退台式建筑，经由 Y 形单元的多向生长和自由交织，成为了风景的组织者，在自然界的尺度上与山和海对话，并直接参与了自然景观的构成。当人对建筑的使用体验融进对风景的体验，建筑也必将反过来重构原有的风景，改变人看待自然的方式、情境和态度。

项目地点：江苏省连云港市，连岛　建筑功能：更衣淋浴、餐饮、健身、娱乐、酒店客栈　基地面积：20 758 m²　建筑面积：7761 m²
设计 / 建成：2007/2009　设计团队：祝晓峰、蔡江思、许磊、许曳、丁旭芬　业主：连岛海滨度假区管委会
合作设计院：上海原构国际设计咨询公司　结构体系：钢筋混凝土框架结构　主要用材：素混凝土、中空玻璃、玻璃砖、防腐木地板

1 女士淋浴更衣室
2 男士淋浴更衣室
3 VIP 淋浴更衣
4 室外淋浴
5 售票室
6 商店
7 客房
8 健身房
9 游客中心
10 餐厅
11 咖啡厅
12 室外烧烤平台
13 后勤辅助用房
14 SPA
15 休息厅
16 多功能厅
17 屋顶停车场
18 屋顶室外剧场
19 屋顶餐饮平台
20 屋顶沙地

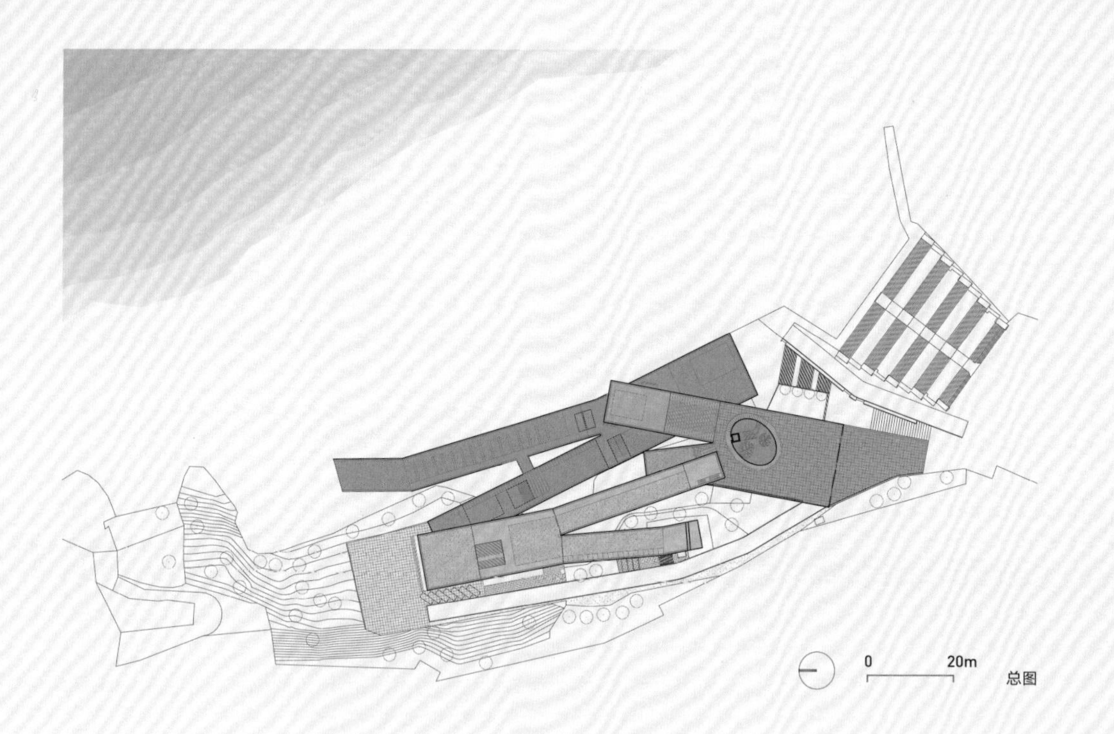

总图

下层平面

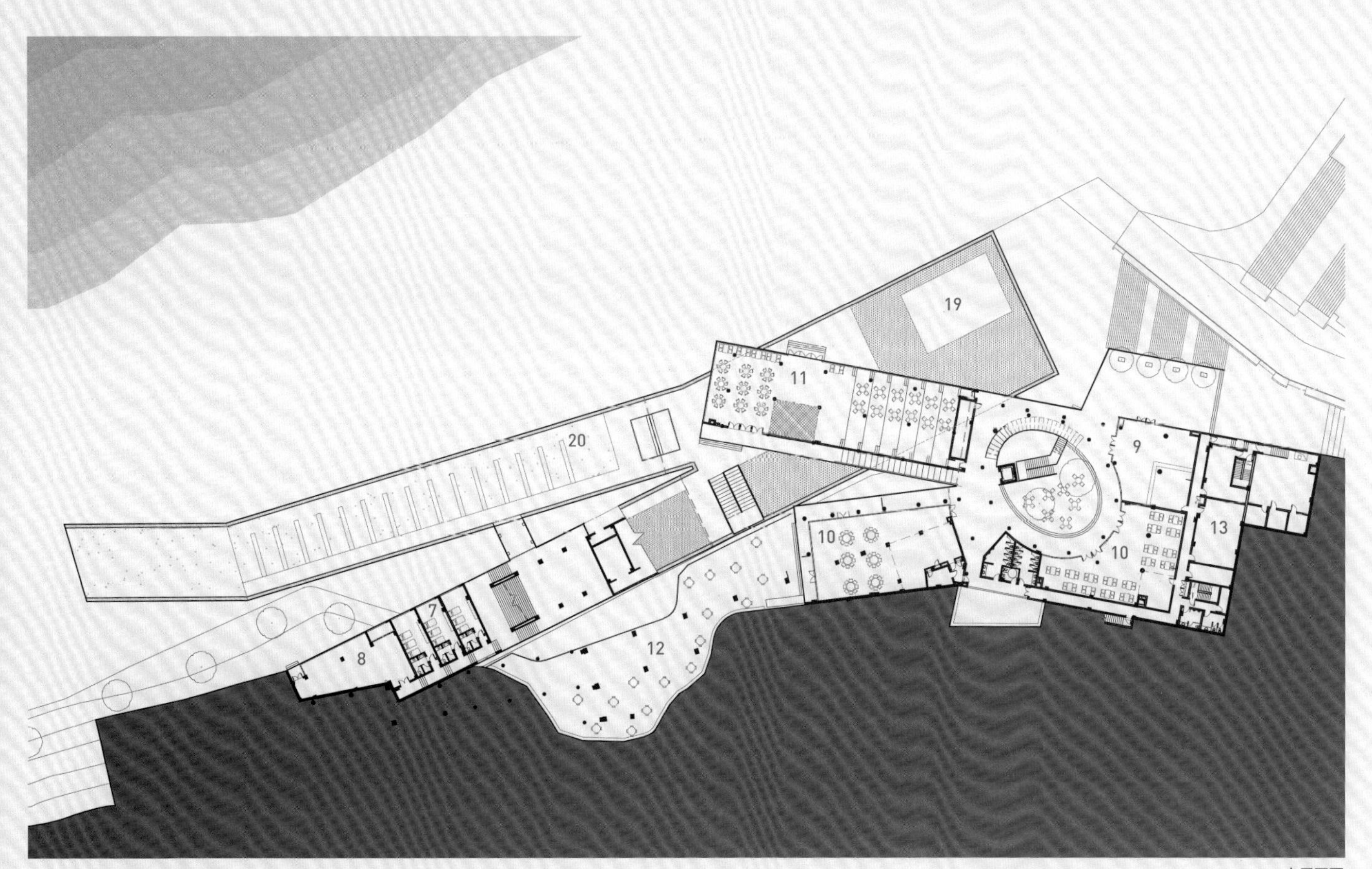

中层平面

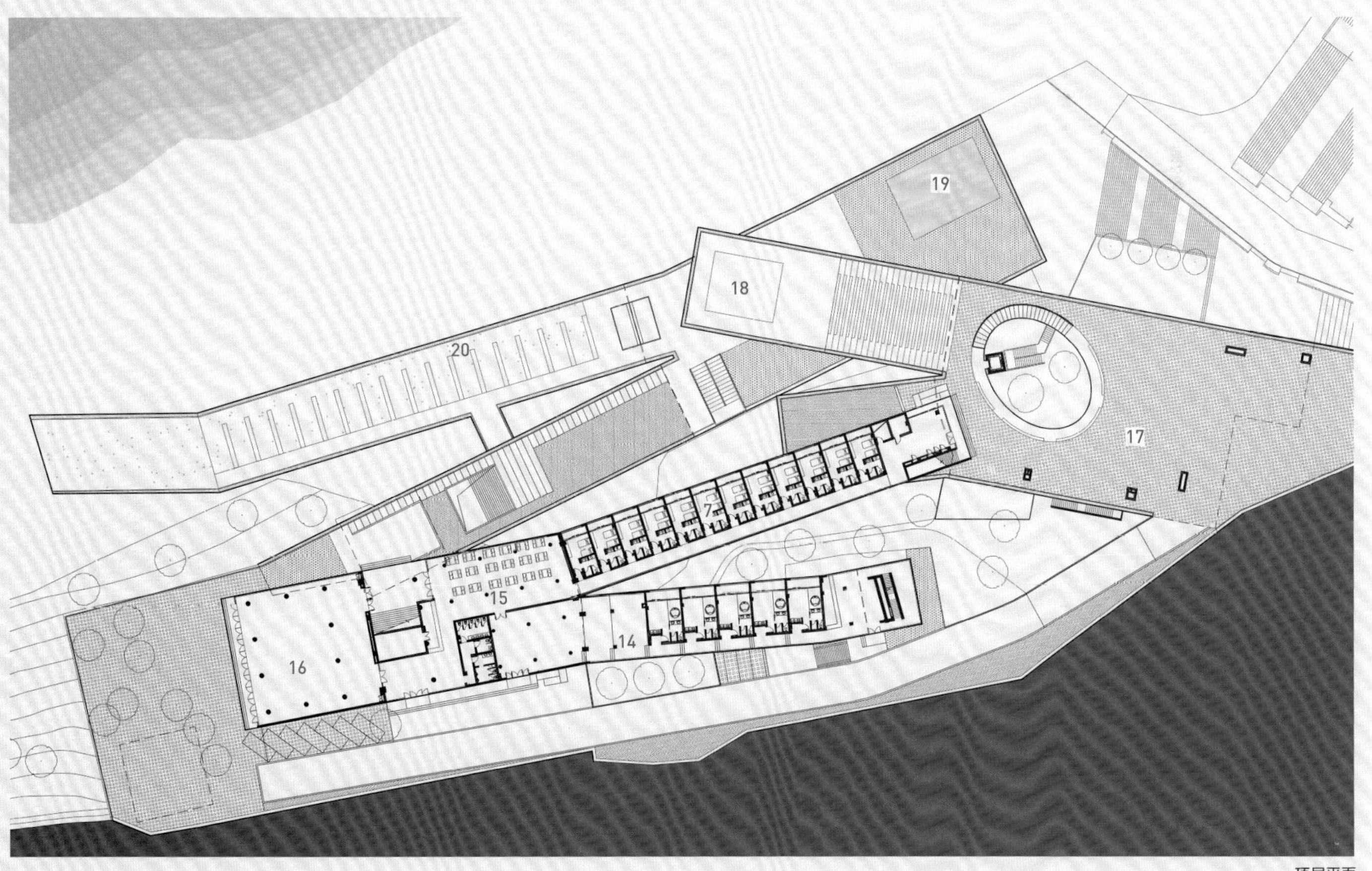

顶层平面

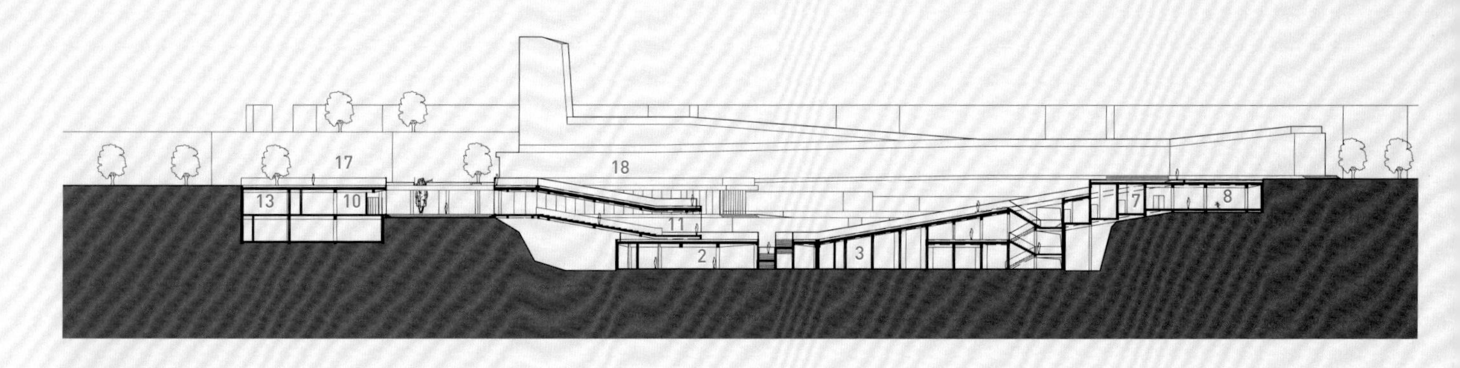

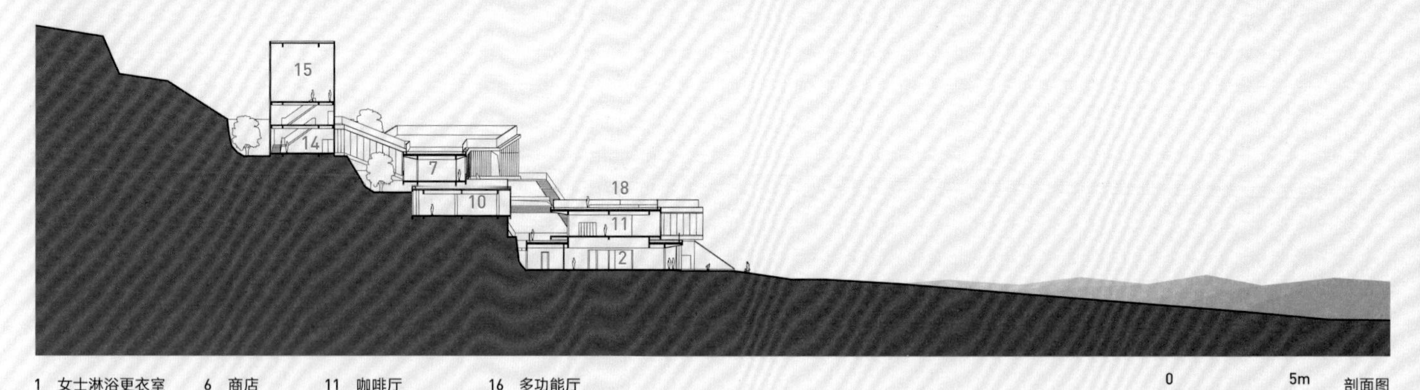

剖面图

1 女士淋浴更衣室	6 商店	11 咖啡厅	16 多功能厅
2 男士淋浴更衣室	7 客房	12 室外烧烤平台	17 屋顶停车场
3 VIP 淋浴更衣	8 健身房	13 后勤辅助用房	18 屋顶室外剧场
4 室外淋浴	9 游客中心	14 SPA	19 屋顶餐饮平台
5 售票室	10 餐厅	15 休息厅	20 屋顶沙地

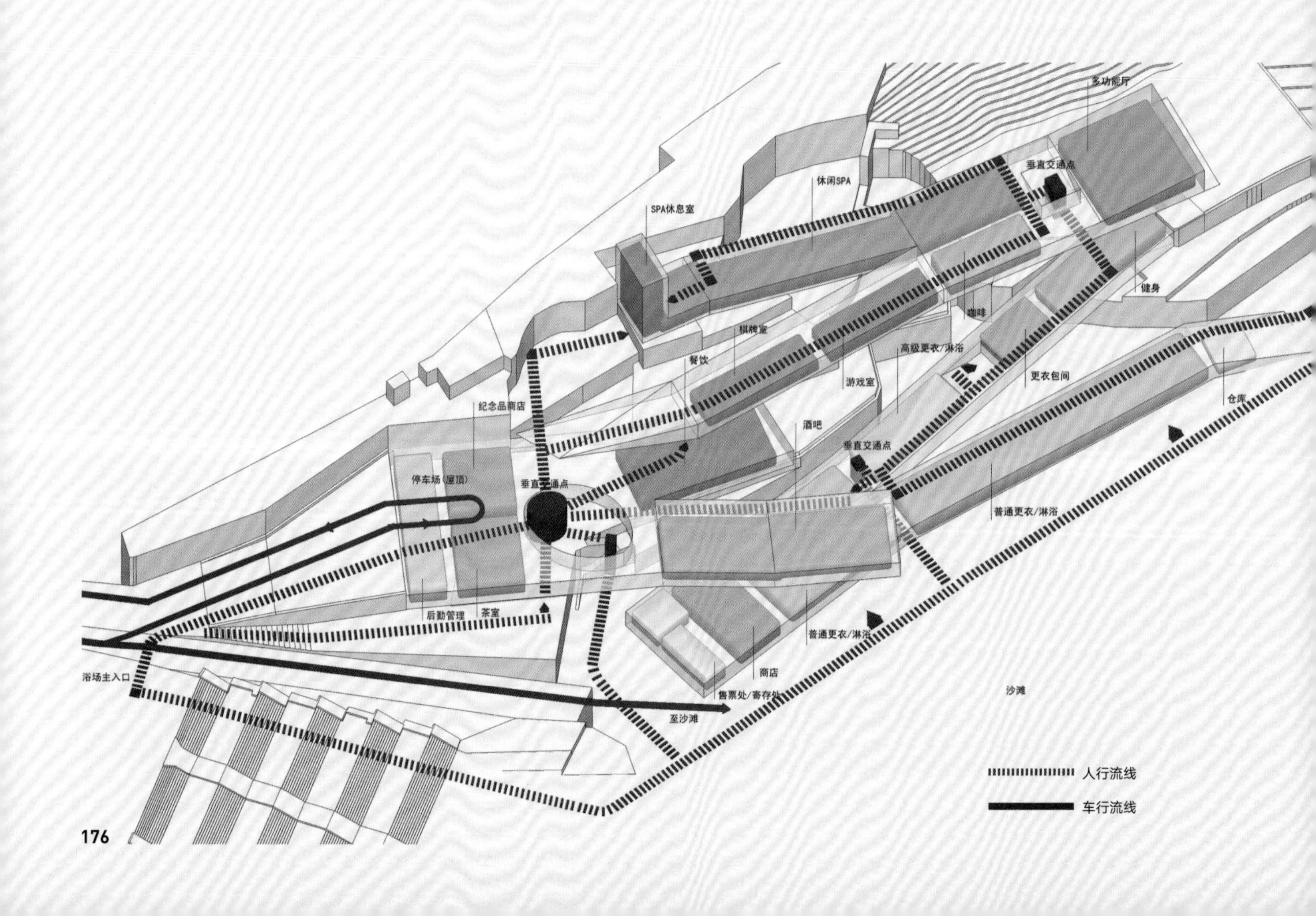

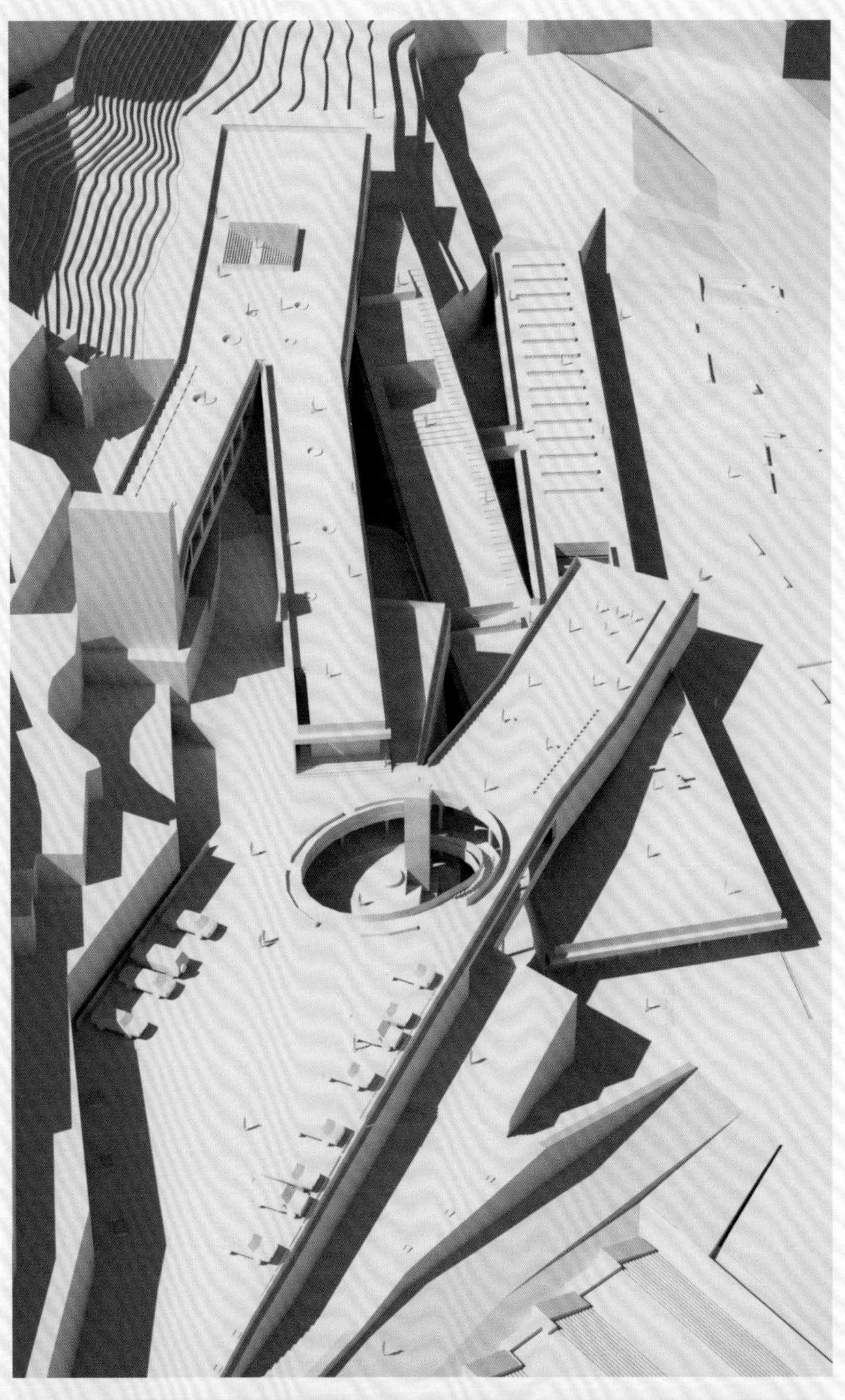

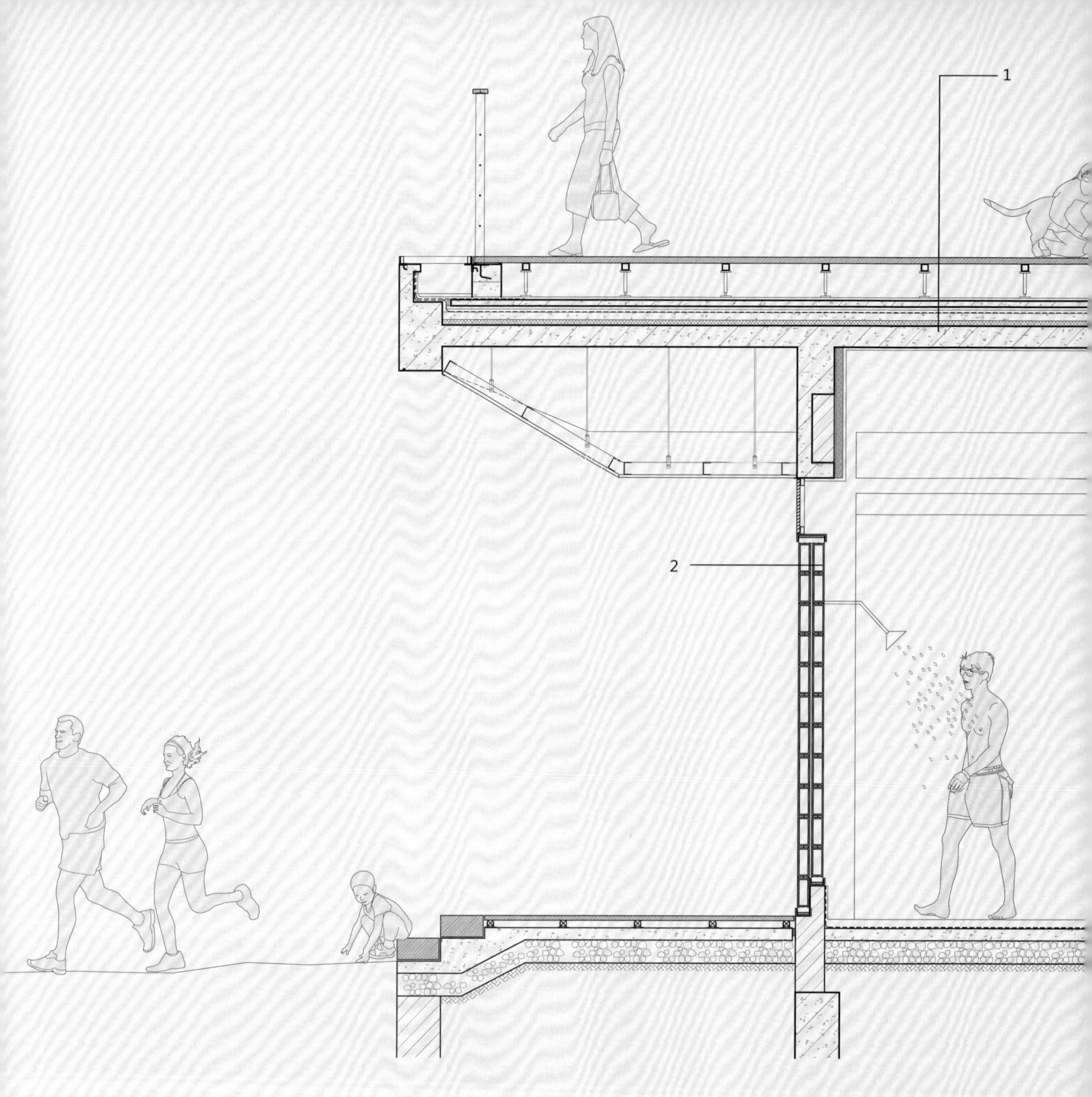

1 防腐木地板铺地
架空层
40mm 厚细石混凝土防水层
8mm 厚白灰砂浆隔离层
2mm 厚高聚物改性沥青防水卷材
20mm 厚 1：3 水泥砂浆找平层
最薄处 30mm 厚 1：8 水泥陶粒找坡层
35mm 厚聚苯乙烯泡沫塑料保温隔热层（XPS）
现浇钢筋混凝土屋面板

2 200mm 厚玻璃砖墙
内置淋浴管道
200mm 厚玻璃砖墙

3 200~300mm 厚细沙
聚酯针刺土工布过滤层
80mm 厚粒径 15~20 卵石排水层
40mm 厚细石混凝土防水层
8mm 厚白灰砂浆隔离层
2mm 厚高聚物改性沥青防水卷材
20mm 厚 1：3 水泥砂浆找平层
最薄处 30mm 厚 1：8 水泥陶粒找坡层
35mm 厚聚苯乙烯泡沫塑料保温隔热层（XPS）
现浇钢筋混凝土屋面板

4 5mm 厚陶瓷马赛克面层白水泥擦缝
3mm 厚建筑胶水泥砂浆黏结层
素水泥浆一道
6mm 厚水泥石灰膏砂浆找平
8mm 厚水泥石灰膏砂浆打底扫毛或划出纹道
耐水腻子刮平
用胶黏剂粘贴一层涂塑网格布
聚合物水泥砂浆一道

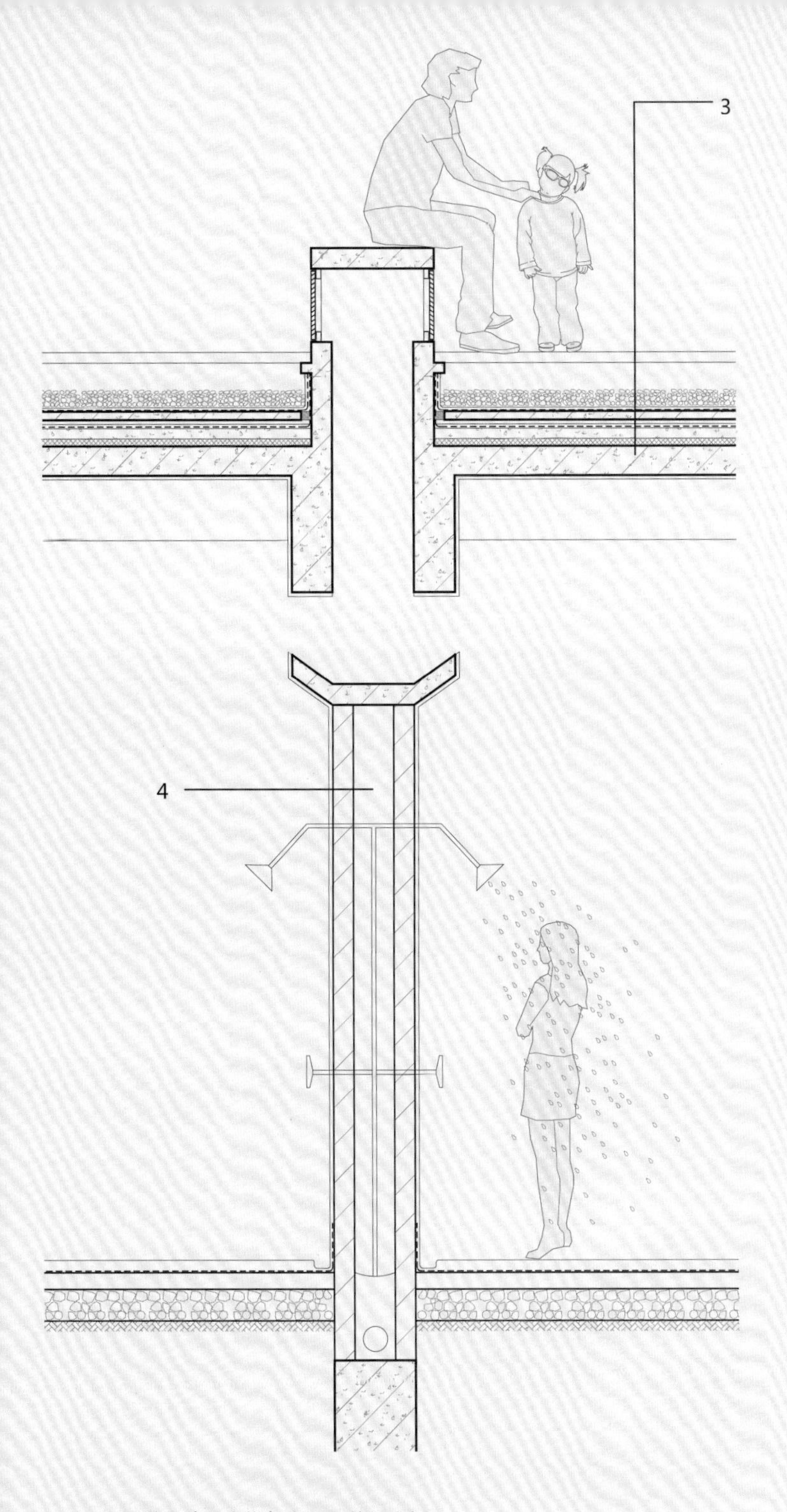

50mm 厚增强（聚合物）水泥聚苯复合板

10mm 厚空气间层，用水泥砂浆冲筋（点）找出墙体基层，空腔内设置淋浴管道

滨海建筑的节能装置

淋浴间外墙采用双层玻璃砖，其间设置淋浴水管，在保证隐私的同时提供充足日光，给淋浴的体验带来乐趣。内隔墙也采用双墙，在中空部分设置给排水管道。淋浴产生的热气通过外墙上的高侧窗或屋顶通风空腔排出。

在海浪的启示下，这座建筑摆脱了“楼层”划分的枷锁，
获得与海浪相仿的“玩伴”关系

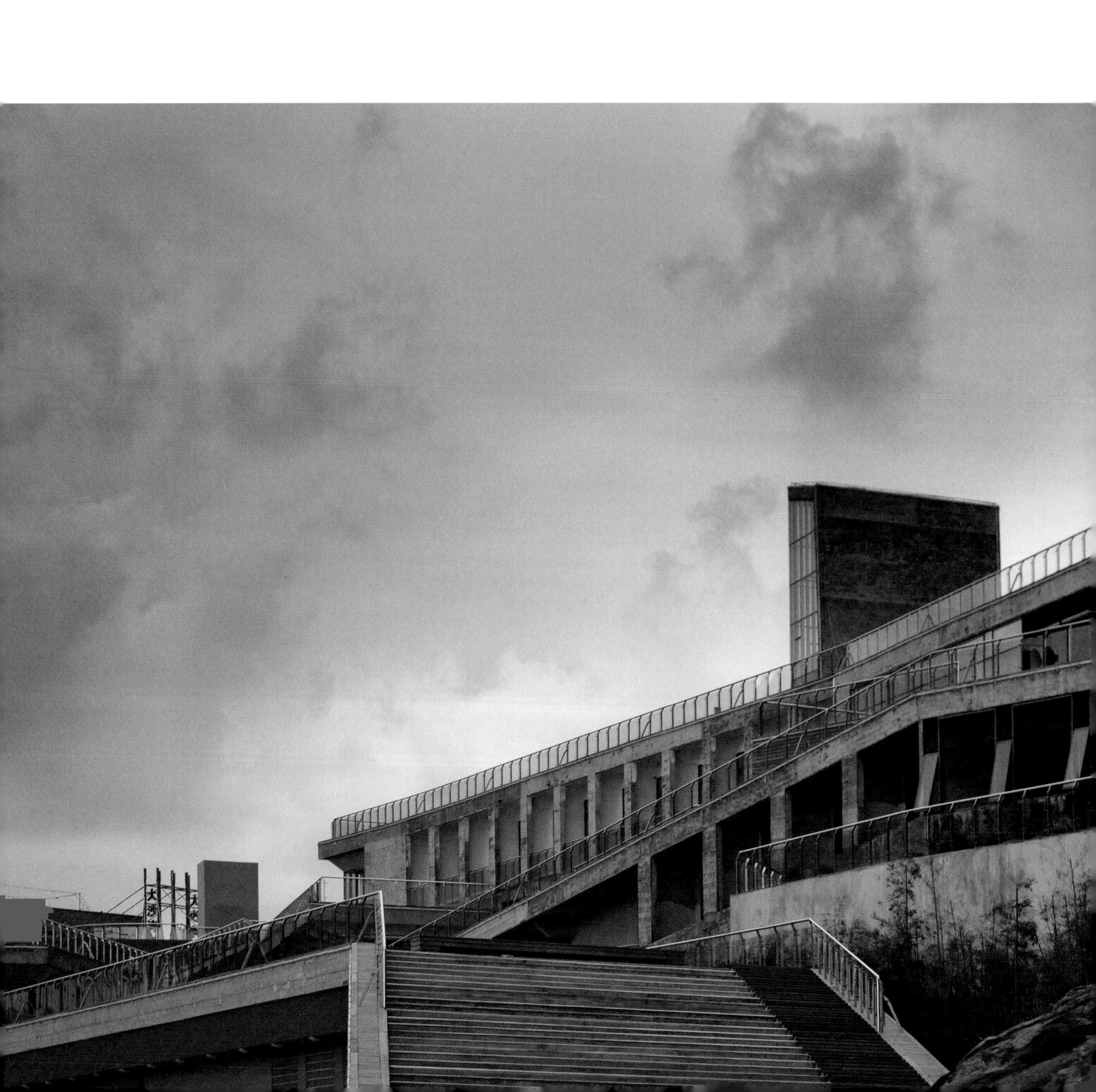

当人对建筑的使用体验融进对风景的体验，建筑也必将反过来重构原有的风景，改变人看待自然的方式、情境和态度

两棵树之间留下的

两根枝干相互搭起的

就是人类家屋的原型

下意识的建构成就下意识的空间

家给予人安定、亲切和温暖

我们相信

在空间多义的今天

家的概念可以被赋予新的内涵

家屋的形制能够被不断拓展

在人类的历史中继续延传

EXTENSION OF HOMES

家的延伸

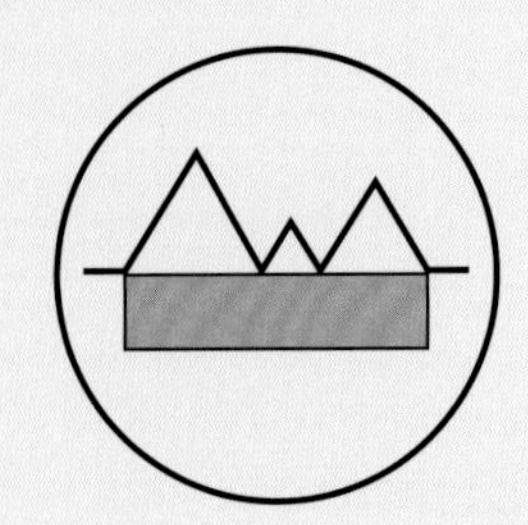

Dance of Folded Plates

折板之舞

Shanghai

上海
2008—2010

Activity Homes at Yunjin Road

云锦路活动之家

随着浦江西岸的贯通开发，有着百年历史的龙华机场被改造成城市干道旁的跑道公园。在这条南北向的城市绿化带中，我们设计了一系列为公园和社区服务的小建筑。云锦路活动之家是这个系列里比较集中的一处聚落，由社区之家、咖啡小屋、法南餐厅三座建筑组成。

线性的公园场地决定了建筑的布局。我们沿东西方向布置了间距和长短不一的混凝土墙，它们是空间分隔，也是竖向结构，支撑着由倾斜钢桁架构成的折板屋顶体系。这些高低起伏的坡屋顶沿纵向延伸，隐喻了跑道上的起飞动作，灵动的变化仿佛是在与历史一起舞蹈。屋顶下覆盖的，是与跑道平行的内部空间，这些空间延绵连通，又在各自屋顶和隔墙的界定下获得了相对的独立，仿佛一个个聚集在一起的家。这种模糊的聚落空间关系介于开放和封闭之间，为未来的使用提供了更多的自由和可能。

三座建筑都由这一结构体系生成，墙体间距、屋顶宽度和高度的变化提供了不同尺度的空间。折板交错形成的高窗引入日光，给这些空间增添了明暗不同的氛围。通过对这一体系的灵活组织，我们还为每座建筑赋予了自身的特征。咖啡小屋在地铁口开放的灰空间、社区之家不同区域之间的庭院，以及法南餐厅的下沉屋和小阁楼都反映了这一体系的适应性和空间潜力。

项目地点：上海市徐汇区云锦路 280 号　项目功能：公共设施　建筑面积：502.9m²（法南餐厅），539.20m²（社区之家），72.62m²（咖啡小屋）
设计 / 建成：2014/2018　设计小组：祝晓峰、庄鑫嘉（项目经理）、江萌（项目建筑师）、Pablo Gonzalez Riera、石延安、杜士刚、盛泰
业主：徐汇滨江开发投资建设有限公司　结构顾问：张准 / 和作结构建筑研究所　合作设计院：上海市政工程设计研究总院（集团）有限公司
景观设计：Sasaki Associates　结构系统：钢筋混凝土剪力墙 + 钢桁架折板屋顶
主要用材：青灰色钛锌板、素水泥质感涂料、深灰色铝板、木纹铝合金窗框、超白中空内置百页 Low-E 玻璃、橡木复合地板

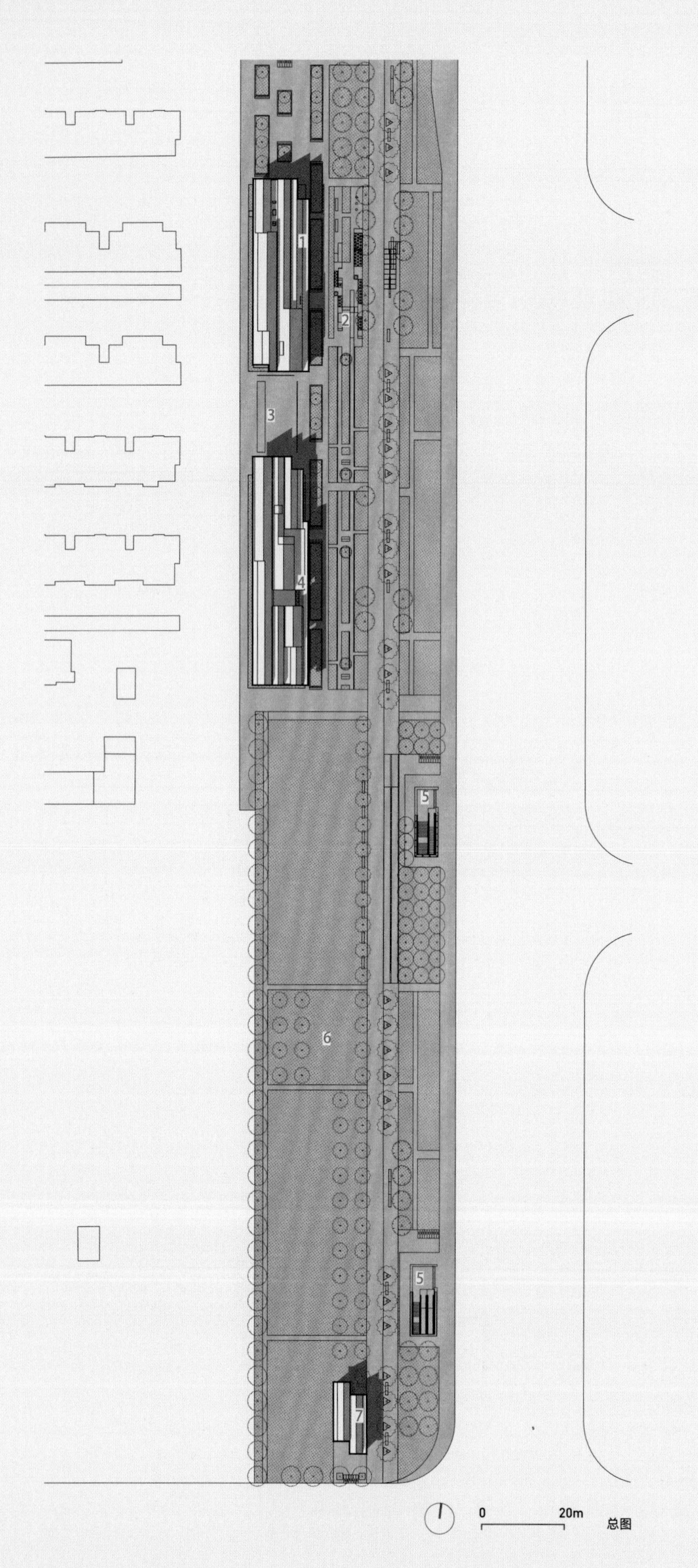

总图

1 法南餐厅
2 儿童乐园
3 喷泉广场
4 社区之家
5 地铁出入口
6 庆典广场
7 咖啡小屋

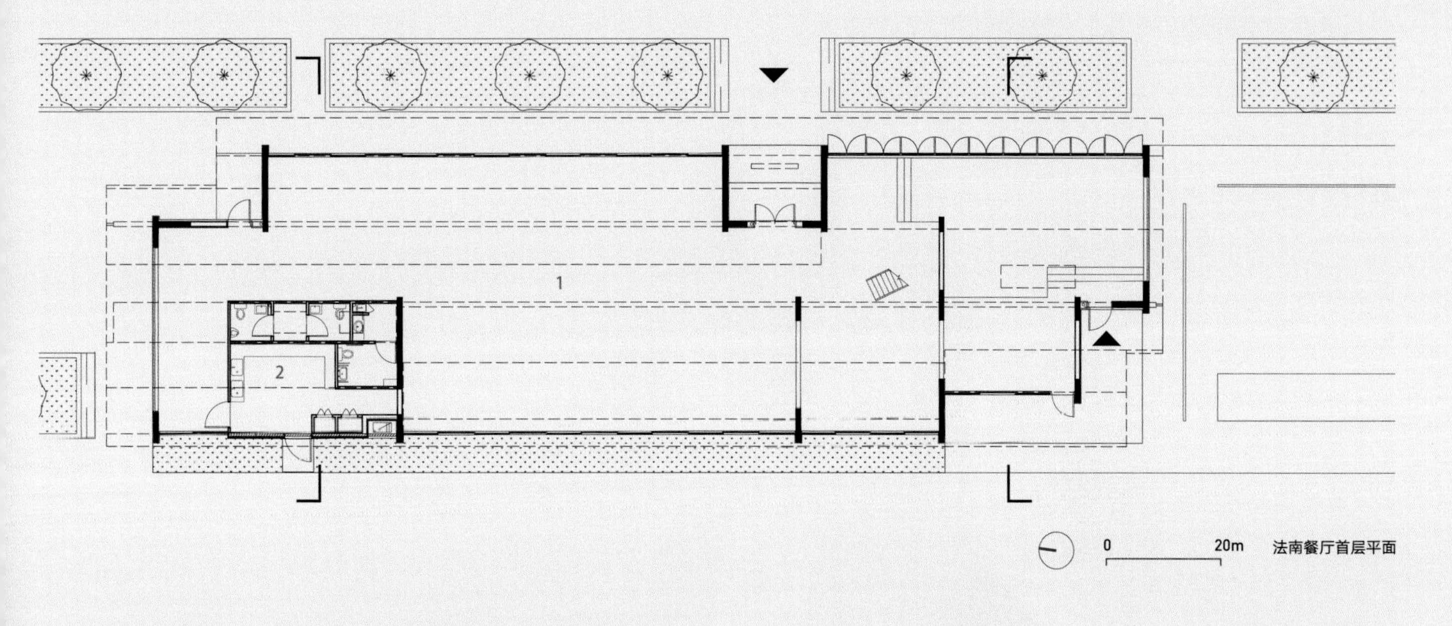

法南餐厅首层平面

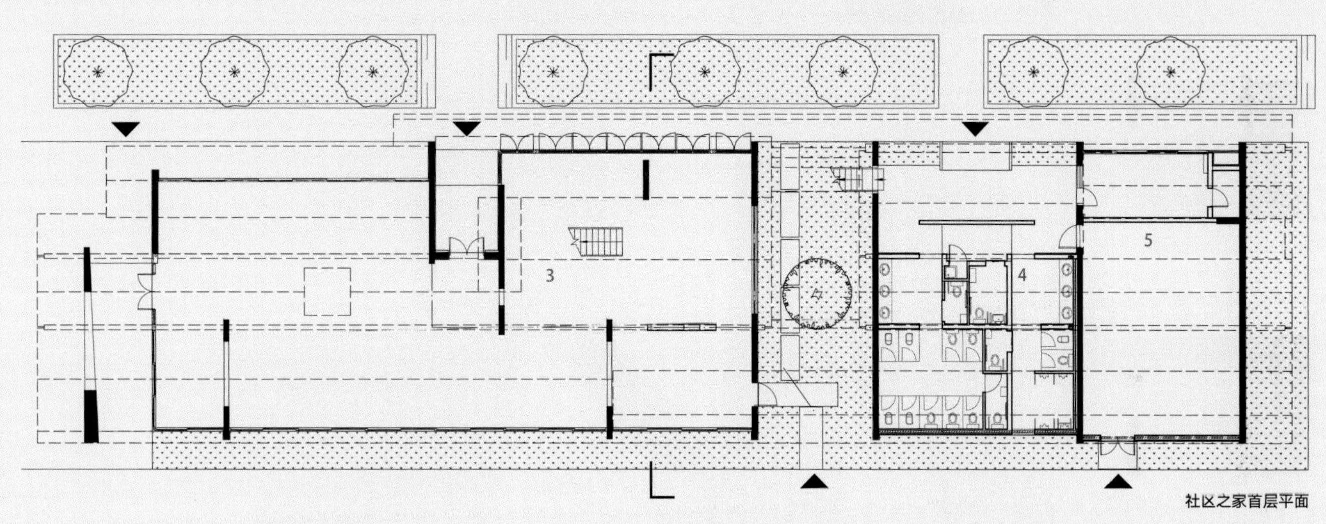

社区之家首层平面

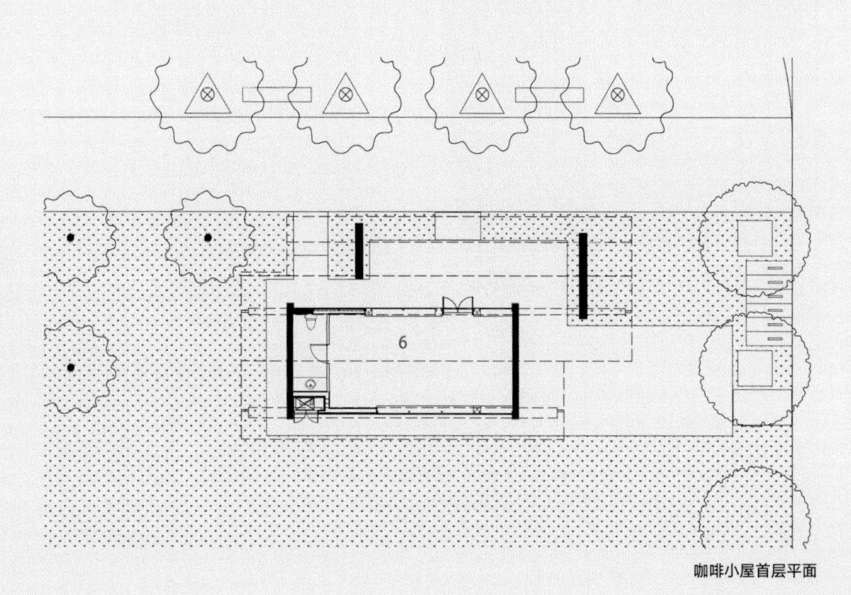

咖啡小屋首层平面

1 法南餐厅
2 备餐间
3 社区之家
4 卫生间
5 设备用房
6 咖啡小屋

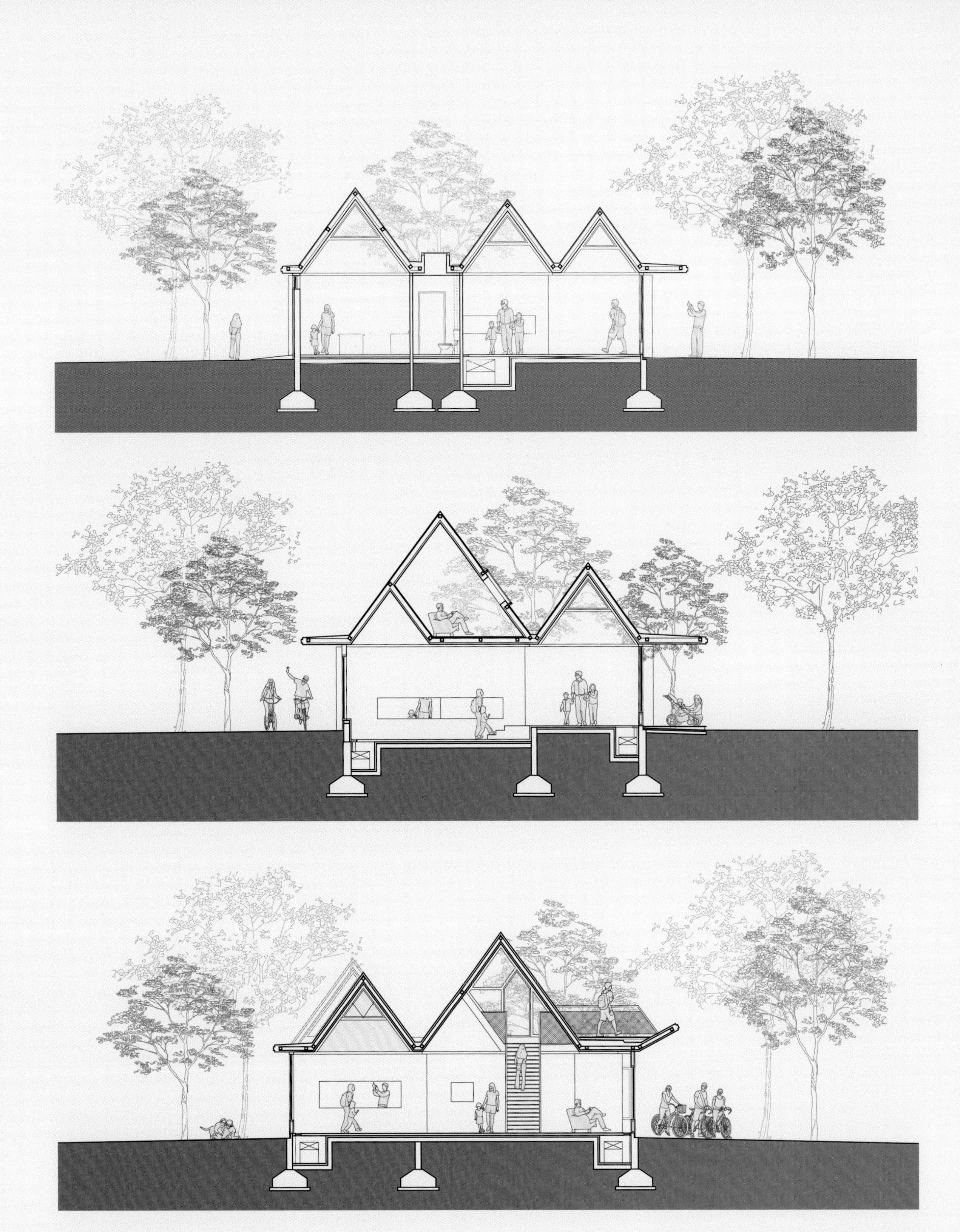

剖面图

1 0.7mm 厚深灰色钛锌板

6.0mm 通风降噪网

2.0mm APP 改性沥青自粘聚酯胎防水卷材

0.8mm 镀锌钢板找平

0.6mm 750 型压型钢板

120 厚岩棉带（或玻璃棉）保温层（下兜钢丝网，夹在结构钢梁之间）

结构钢梁

2 超白双层中空 Low-E 彩釉玻璃

3 超白双层中空 Low-E 玻璃，内置百叶

4 仿混凝土涂料

水性渗透型防水底漆

弹性底涂，柔性耐水腻子

第二道抹面砂浆和耐碱涂覆网布 + 第三道抹面胶浆锚栓

第一道抹面砂浆和耐碱涂覆网布

50mm 岩棉板保温层

胶黏剂黏接层

12mm 厚 WP15 预拌砂浆找平（内夹钢丝网）

200mm 钢筋混凝土剪力墙

5 地板漆 2 道

25mm 厚 100mm × 18mm 长条硬木企口地板（背面满刷氟化钠防腐剂）

50mm × 50mm 主木龙骨 @400 架空 20mm，表面刷防腐剂

80mm 厚 C15 混凝土垫层

素土夯实

结构 = 支撑构件 + 空间限定 + 场景画框 + 历史回应

灵活布置的剪力墙既是结构，也划分了空间剪力墙上精心布置的开洞为不同空间提供视觉联系。上部的折板结构由钢桁架实现，跨边端部的水平桁架平衡了折板的水平推力，并形成了建筑的檐下空间。

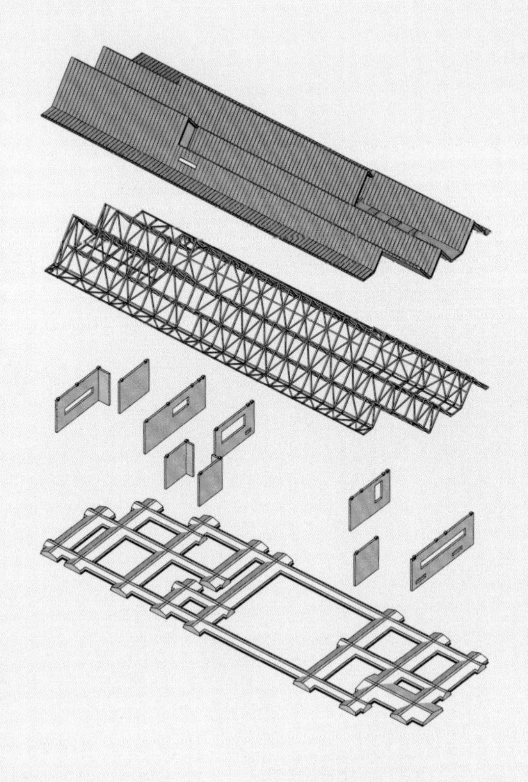

柔光与微风

东西两侧的中空玻璃推拉窗内置了可调节百页，剪力墙和屋顶之间的排烟窗采用了半透明印花玻璃，这两种半透明的窗为室内空间带来了可调控的柔和光线和自然通风，并协助地板送风系统更好地完成了空气的流通和循环。

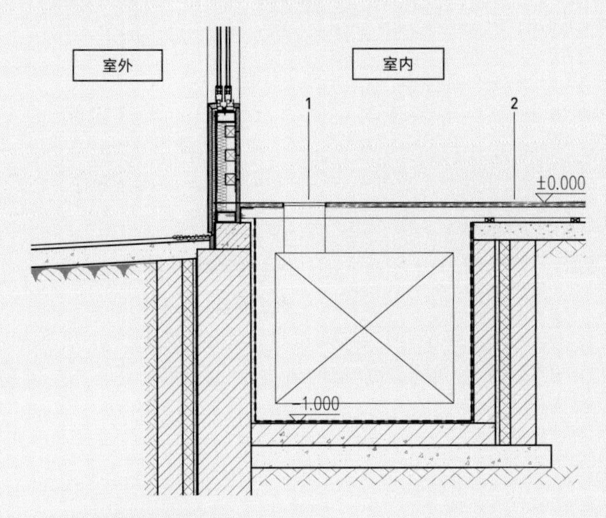

1 不锈钢格栅地面风口

2 实木复合地板

活动之家与跑道公园的外部空间相协调，吸引了各个年龄段的市民，提升了社区活力

屋顶下覆盖的，是与跑道平行的内部空间，这些空间延绵连通，又在各自屋顶和隔墙的界定下获得了相对的独立，仿佛一个个聚集在一起的家

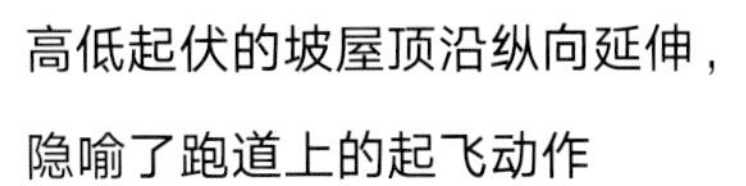

高低起伏的坡屋顶沿纵向延伸，
隐喻了跑道上的起飞动作

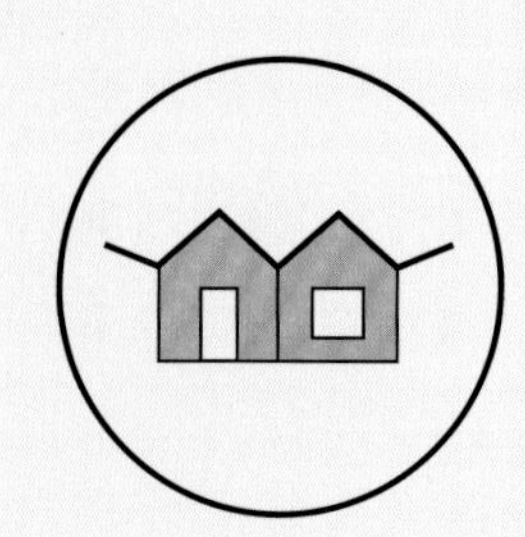

Rainbow Hung from Cornice

檐挂飞虹

Nanjing,
Jiangsu Province

江苏省南京市
2018—2021

Nine Terraces
Bridge in Horticultural
Expo Village

园博园
九间廊桥

第 11 届江苏园博会园博村坐落在线山之阴，村北这块场地朝北面向七乡河，对岸是园博园珍宝馆。我们在七乡河上设步行廊桥一座，廊桥跨度约 36 米，是园博村北的步行出入口。

我们希望这座桥在提供交通便利之余，能够成为来宾集合、休憩和交流的场所；同时，桥下空间为了通船需要一定高度，结合两边驳岸和水位的高差，桥体需要在中部抬升。结合这两个设计条件，我们将 8 米宽的桥面分成九块 4 米 X 8 米的平台，像九间连接在一起、渐次升降的小亭。而实现这一设想最适宜的结构形式，就是将廊桥的坡屋顶做为主体拱结构，来悬挂这九片平台。通过与结构师的共同努力，沿双折坡屋顶布置的钢桁架构成了折板拱，将吊挂平台的垂直荷载转化为拱结构的内力向两侧传递，最后通过 U 字形的混凝土桥头堡把重力和侧推力传给驳岸上的基础。九块吊挂的平台轻盈通透，其间用坡道和台阶连接，中央通行，两侧可供休憩停留和桥上市集；两端的剪力墙支座则厚重质朴，上面悬盖着从廊桥延伸下来的钢构屋顶。于是，两岸的桥头堡化身为两座半户外小屋，赋予这座廊桥返村归家的含义。

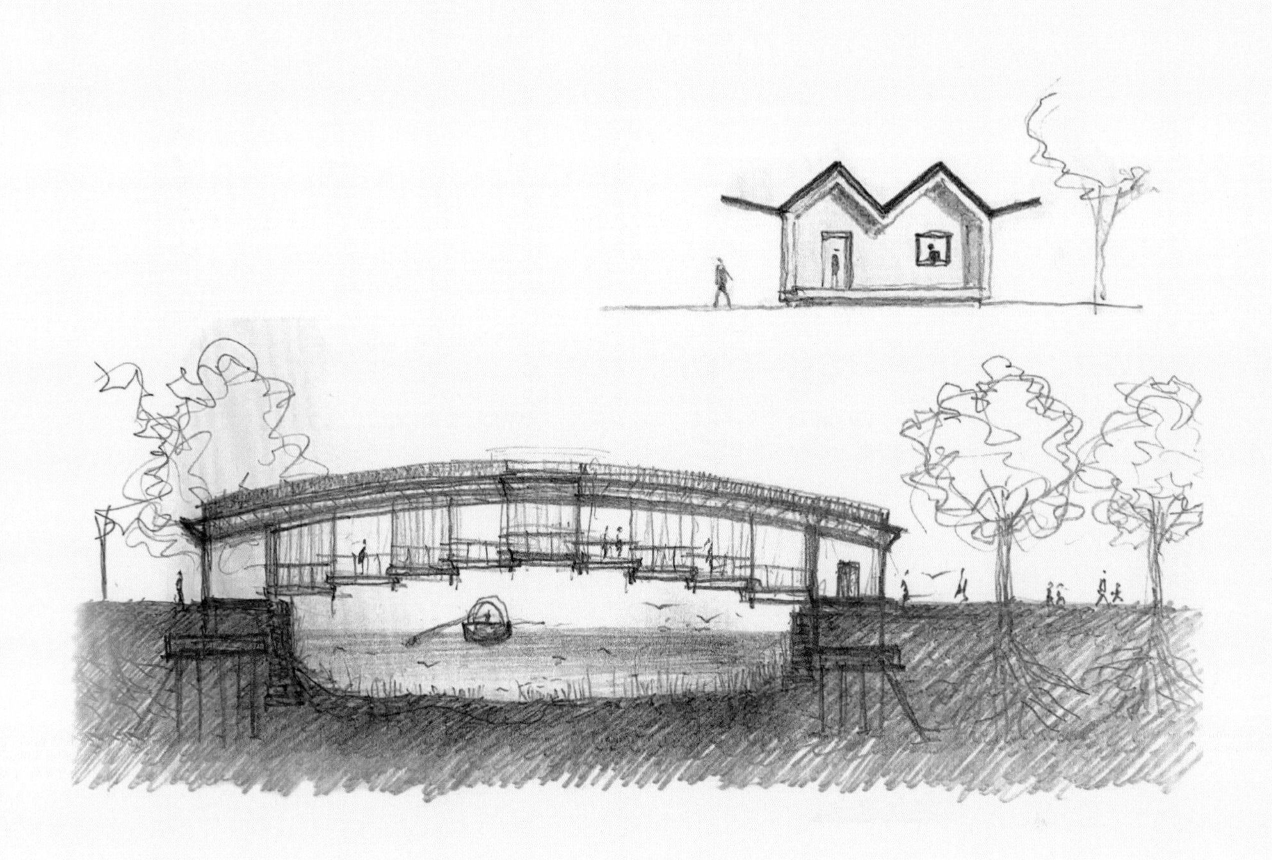

项目地点：江苏省南京市江宁区江苏省园博会园博村　项目功能：步行桥

建筑占地：约 120 ㎡　建筑面积：300 ㎡　设计 / 建成时间：2019 / 2021　设计团队：祝晓峰、周延

业主：江苏园博园建设开发有限公司　结构顾问：张准（和作结构建筑研究所）

合作设计单位：林同棪国际工程咨询（中国）有限公司

结构系统：钢桁架折板拱 + 混凝土剪力墙支座　建筑材料：钛锌板、木饰板、碳钢杆、实木杆、竹帘、室外木地板、现浇清水混凝土（小木模版表面和水洗卵石子表面）

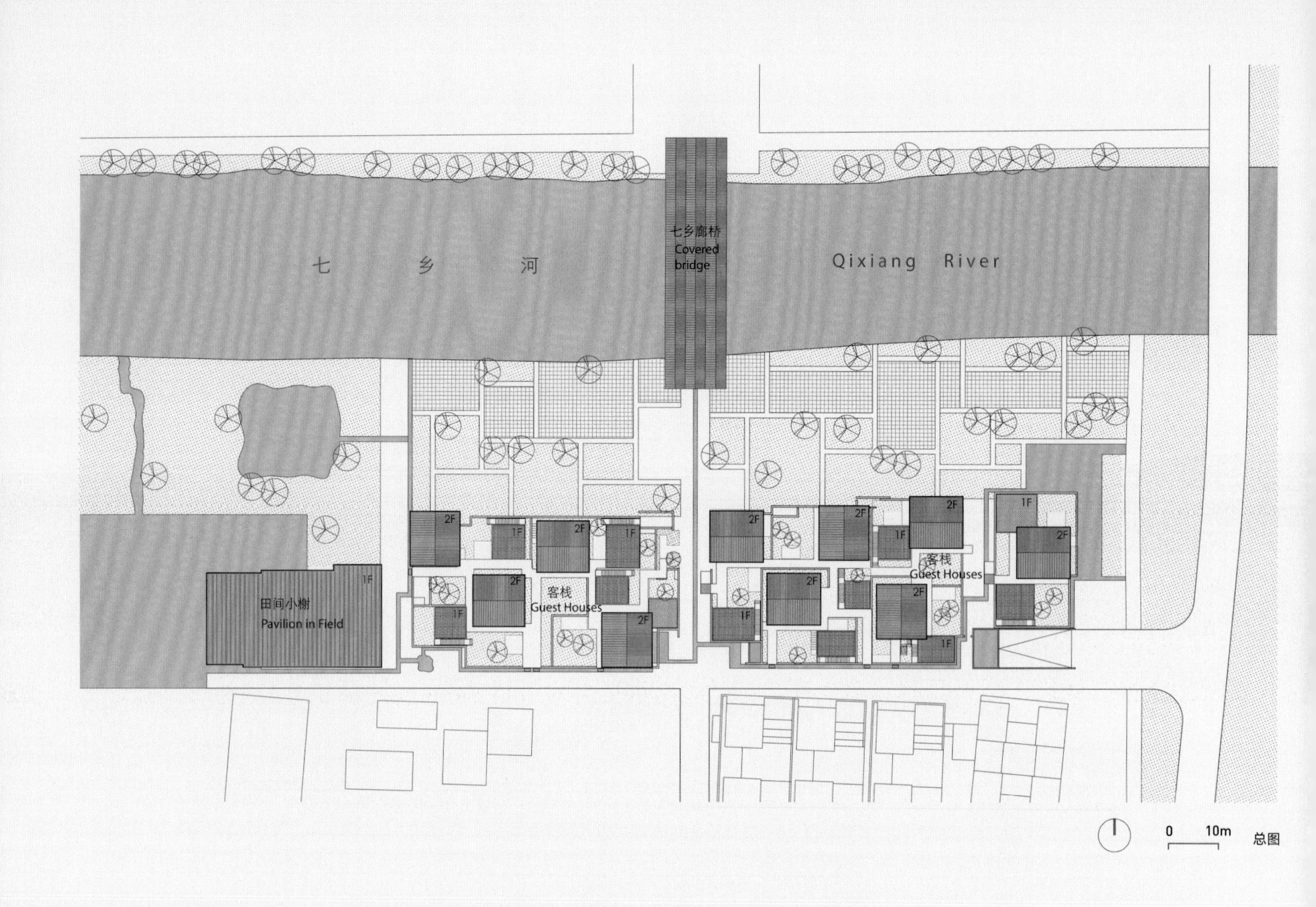
七　　乡　　河
七乡廊桥
Covered
bridge
Qixiang River
田间小榭
Pavilion in Field
1F
2F
客栈
Guest Houses
0
10m

总图

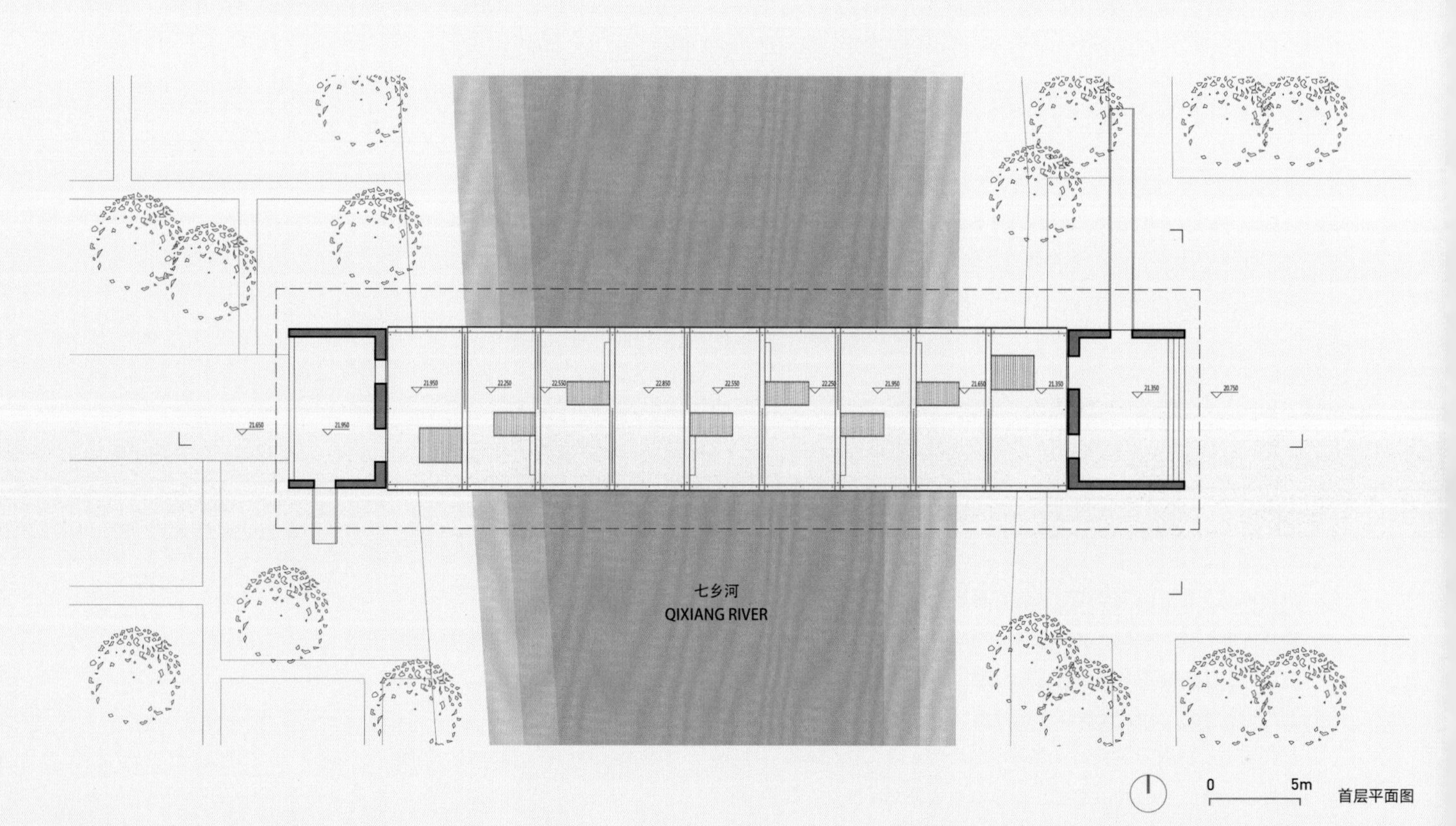
七乡河
QIXIANG RIVER
0
5m

首层平面图

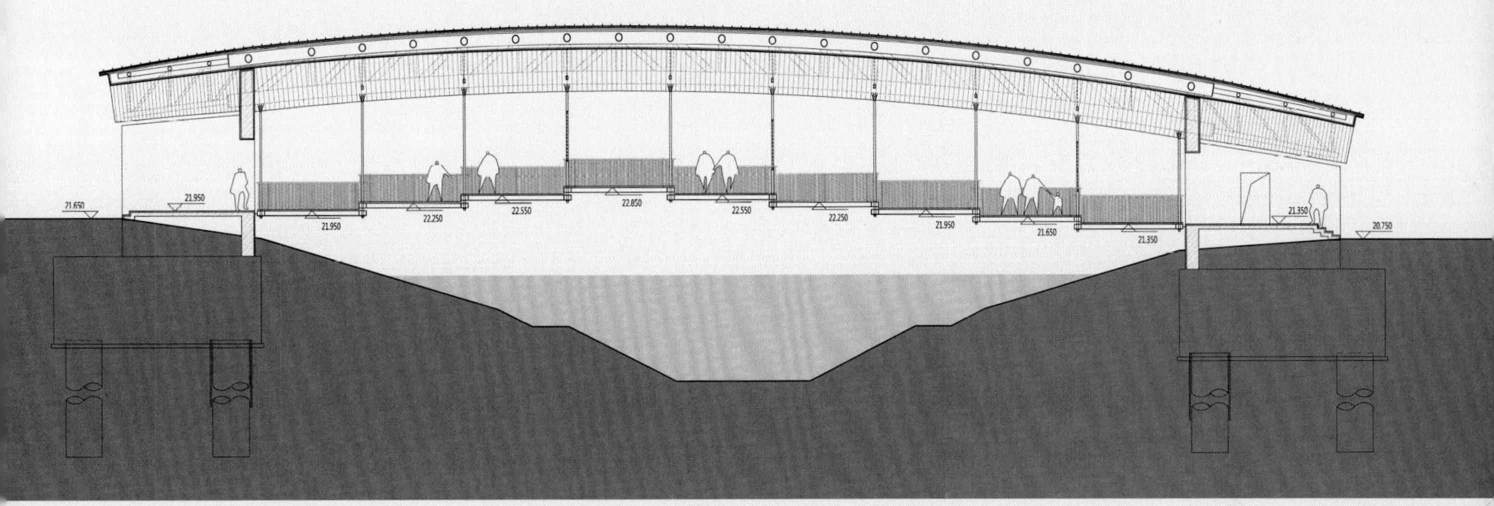
21.650
21.950
21.950
22.250
22.550
22.850
22.550
22.250
21.950
21.650
21.350
21.350
20.750

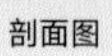
剖面图

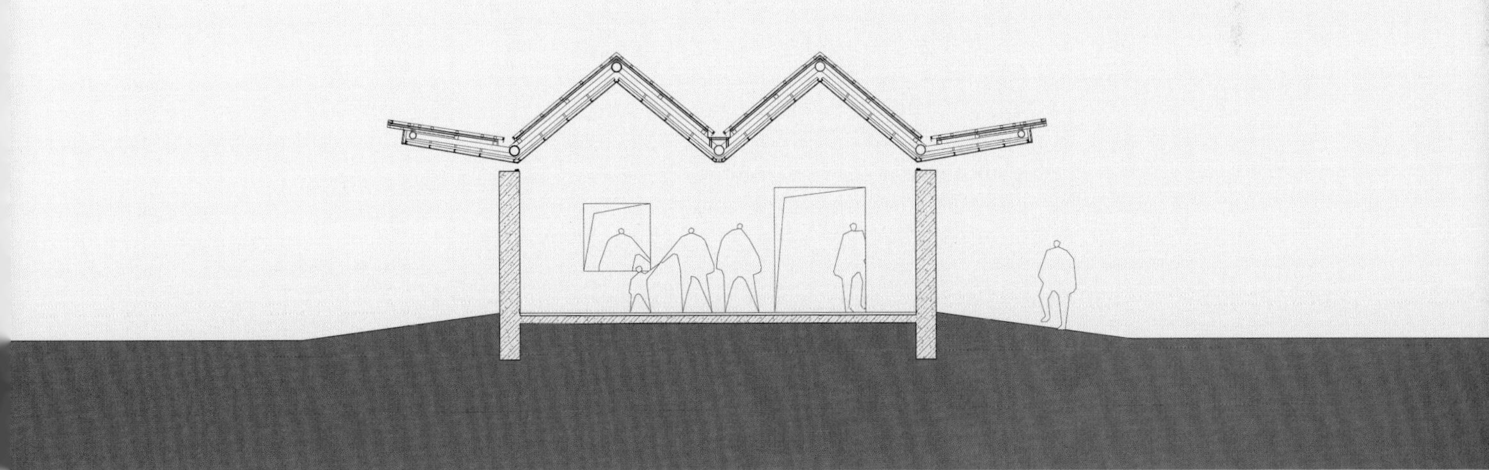

剖面图

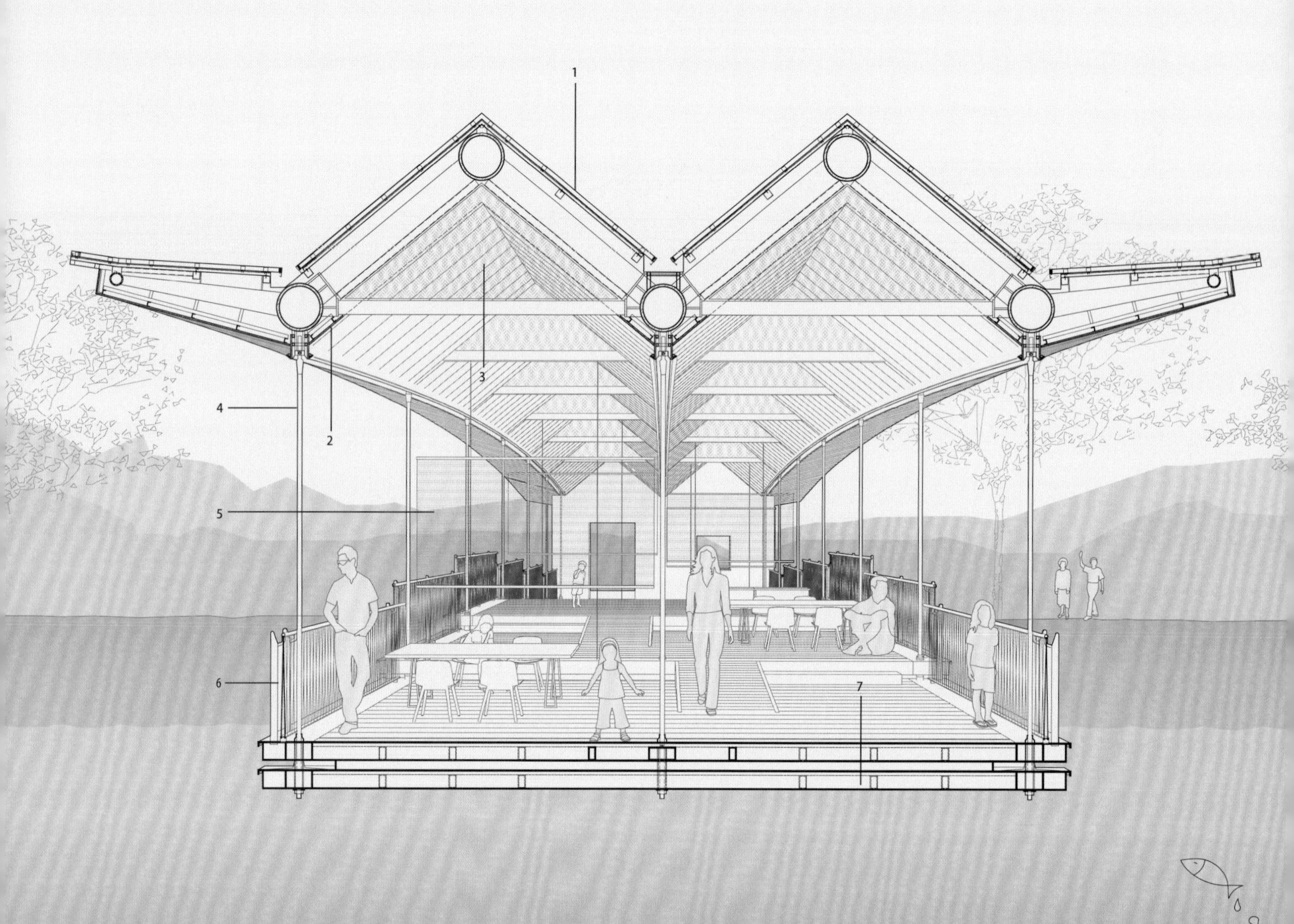

1 0.8mm 厚钛锌 T50 型直立锁边板
6mm 通风降噪丝网
1.2mm 厚自粘防水卷材
1.0mm 厚镀锌找平钢板
0.6mm 厚镀锌支撑压型钢板
矩管龙骨 80mm × 80mm × 3mm
2 CLT 云杉高级实木板
3 白色不锈钢金属网
4 白色吊索，防锈
5 装饰竹帘
6 ø8 黑钛不锈钢 316 钢棒
7 40mm × 125mm 厚竹木地板，间隙 4mm
钢结构桥面板，白色氟碳喷涂

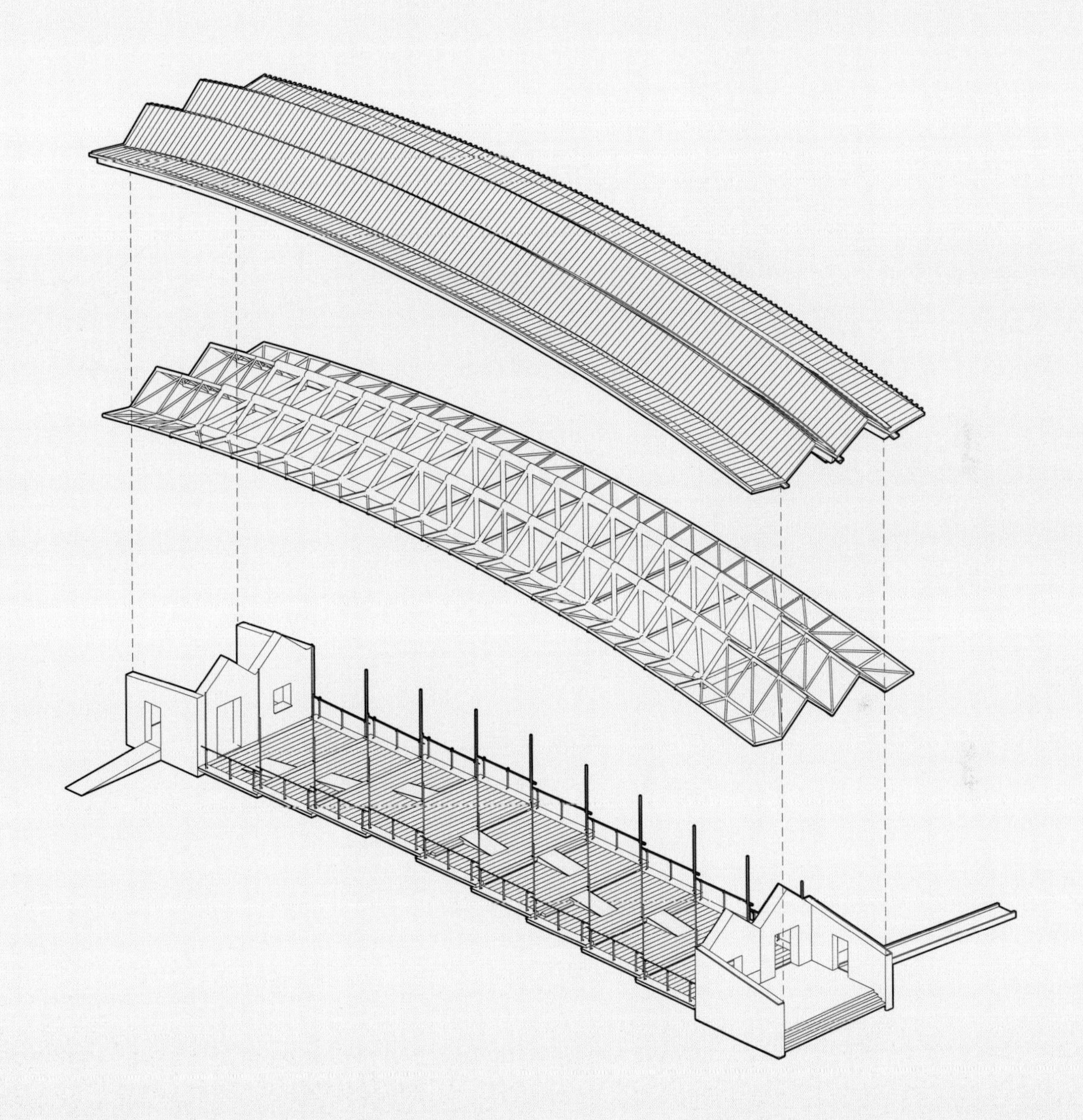

双重作用的檐口

由收分桁架构成的飞檐不仅起到遮阳的作用，而且还起到加固边缘的作用，以帮助平衡桁架折板的水平推力。

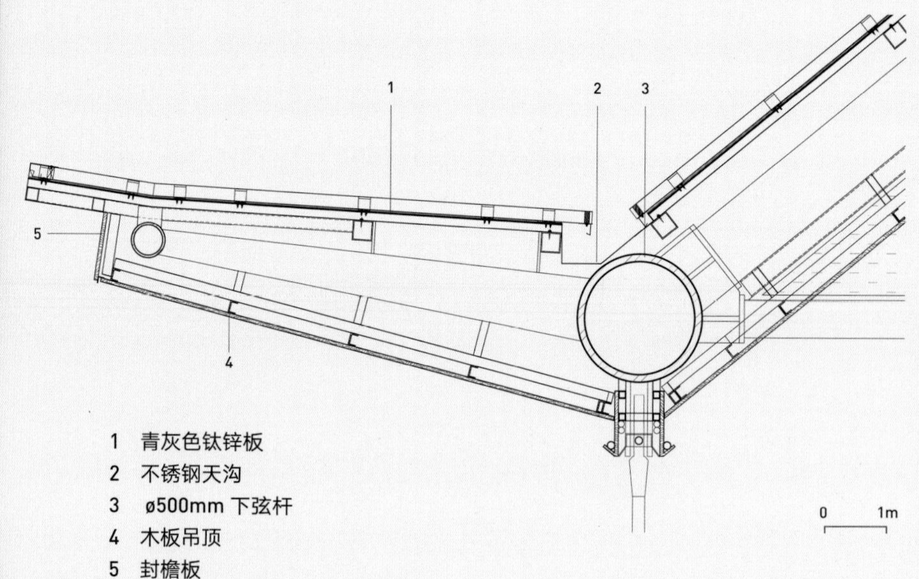

高低扶手

栏杆的平面偏转避免了高低平台连接处的扶手和不锈钢杆发生冲突。

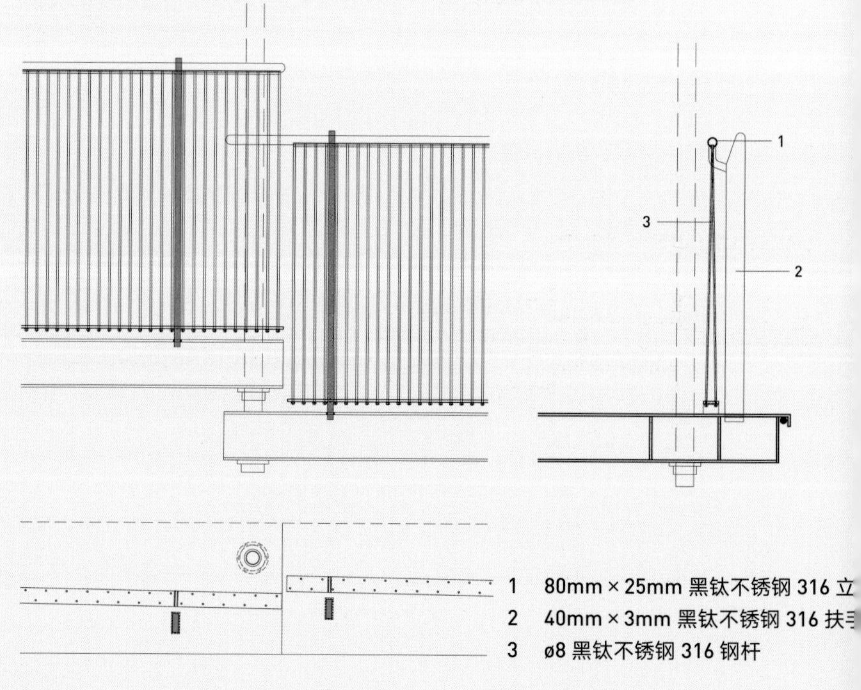

繁忙的下弦杆

双坡组合式桁架的下弦杆是所有力的交汇处：其通过吊杆悬挂平台，连接水平拉杆，并支撑上部的排水沟。

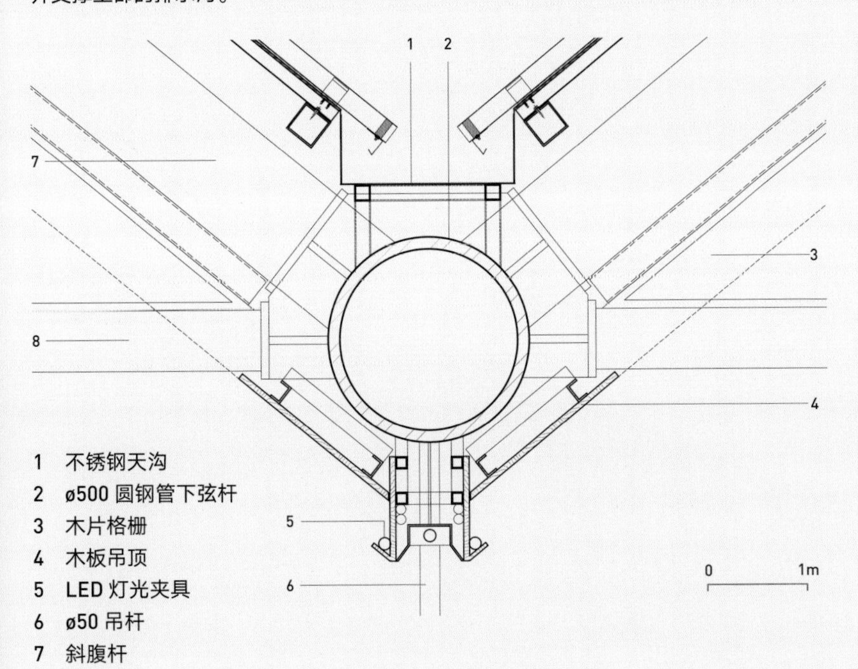

1 不锈钢天沟
2 ø500 圆钢管下弦杆
3 木片格栅
4 木板吊顶
5 LED 灯光夹具
6 ø50 吊杆
7 斜腹杆
8 水平弦杆

穿套吊杆

吊杆穿过两个阶梯平台的边梁，通过套管与平台紧固。

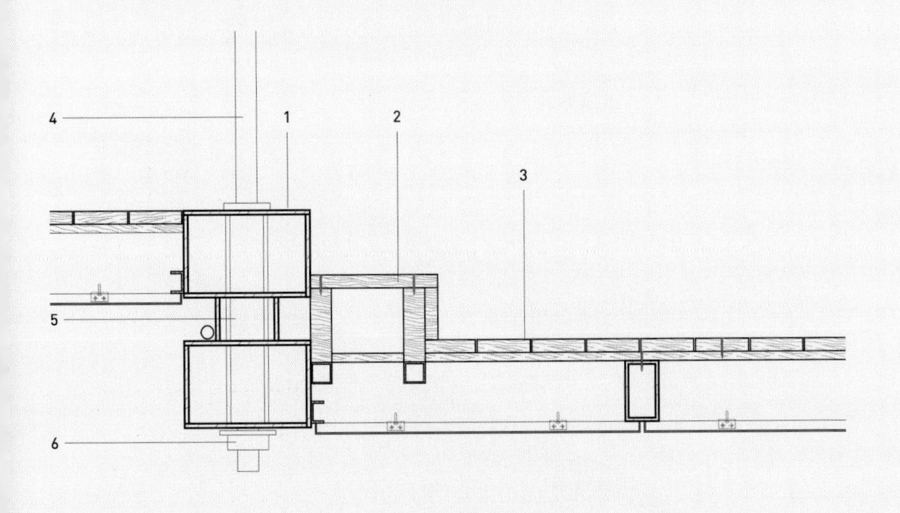

1 300mm × 200mm 方钢管
2 木台阶
3 木板地板
4 ø50 吊杆
5 ø100mm 套管
6 紧固螺栓

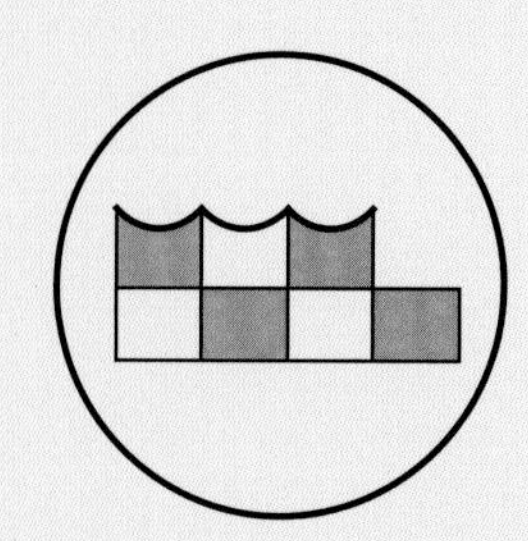

Interweaved Aura

交织的灵韵

SuZhou

苏州
2016—2017

Dongyuan Qianxun Community Center

东原千浔社区中心

千浔社区位于苏州市相城区。苏州是以庭院生活为载体的江南文化荟萃之地，场地南侧的湿地公园内又有贯穿东西的河流——人文和自然条件构成了建筑的外在环境。作为一个社区中心，这座建筑需要提供各种公共服务、文体设施、便利商业和亲子活动等，而这些构成了建筑的内在需求。我们希望寻找一种特定的空间秩序作为载体，把建筑的内在需求和外在环境融合起来，营造一个兼容社会性和自然性、兼具凝聚力和开放性的社区活动场所。

经过结构系统和空间秩序的相互推演，我们决定采用“叠墙深梁”的结构体系。混凝土剪力墙通过上下交叠形成了一种特殊的空间秩序：墙体是围合性的，可以划分不同的空间；空洞则是开放性的，可以连通不同的空间——这种秩序的双重潜力能够让这座社区中心实现凝聚与开放的并存。

我们采用了下凹的混凝土筒壳作为建筑的覆盖，带来仿佛置身于波浪之下一般的空间体验。以屋脊为中心，有置身传统双坡屋顶下的安定感；以筒底为中心，又有空间向外溢出的感受——连续的筒壳在内部造就了两种体验的融合，在外部则以波浪状的山墙形式出现，表达了与水以及江南传统建筑风貌的联系。

在这个空间体系里，交替出现的实墙和洞口让建筑与自然在相互界定中融会贯通，形成了相互渗透的庭院聚落，这种交织的灵韵为整个场所带来了光阴的流转。

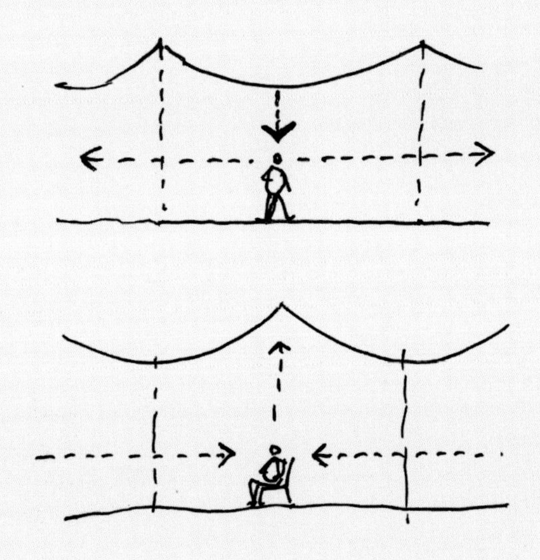

项目地点：苏州市相城区　项目功能：社区服务　基地面积：4257 m²　建筑面积：2238 m²（地上），1089 m²（地下）
设计 / 建成时间：2016/2017　项目团队：祝晓峰、庄鑫嘉、盛泰、石圻、杜士刚、李成、付蓉、罗琪、肖载源、尚云鹏
业主：东原地产　结构顾问：张准 / 和作结构建筑研究所　合作设计院：苏州建筑设计研究院股份有限公司
结构体系：叠墙深梁、反筒壳结构　主要用材：清水混凝土墙、铁灰色铝镁锰板、隔热玻璃

总图

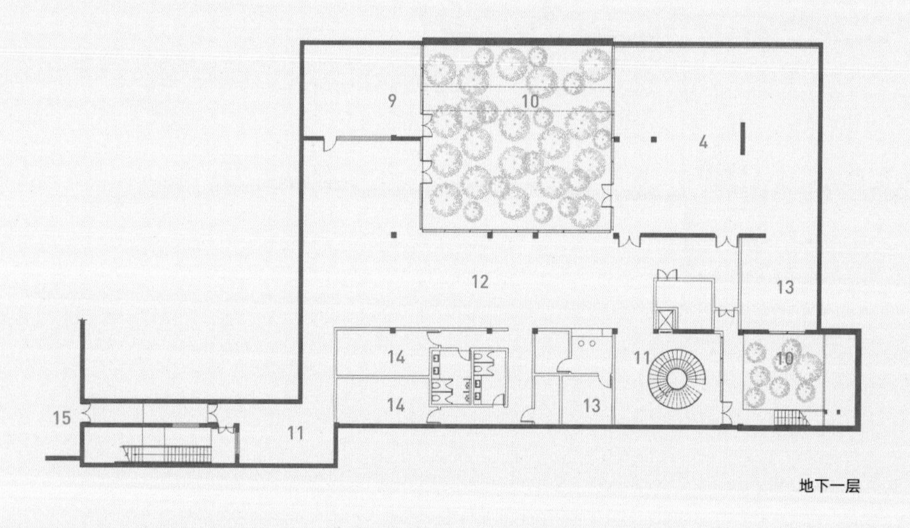

地下一层

1 亲子活动室
2 休息厅
3 社区事务中心
4 艺术展厅
5 便利店
6 社区图书馆
7 社区工坊
8 咖啡厅
9 瑜伽室
10 下沉庭院
11 门厅
12 健身中心
13 办公室
14 更衣室
15 车库

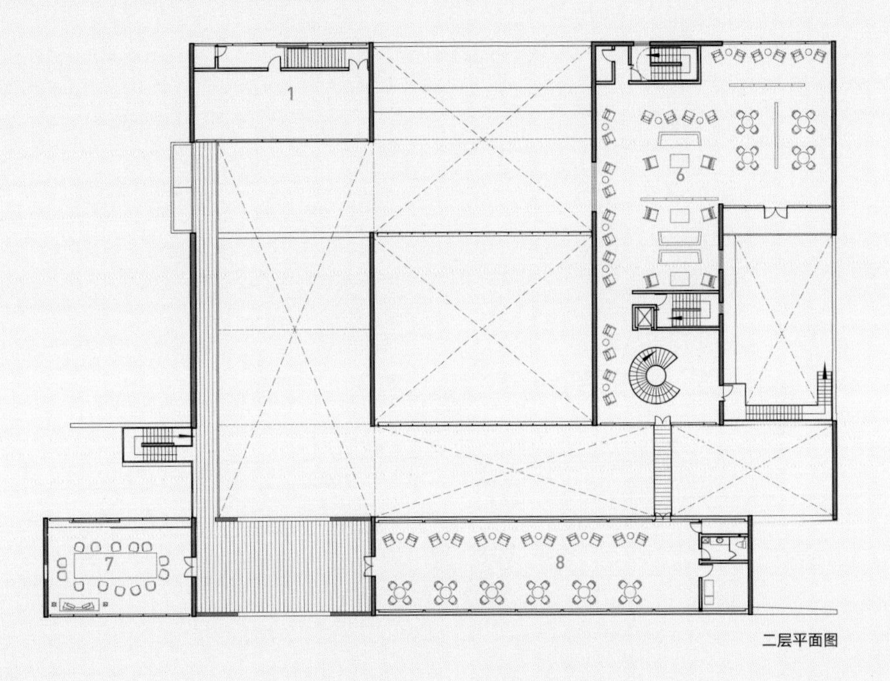

二层平面图

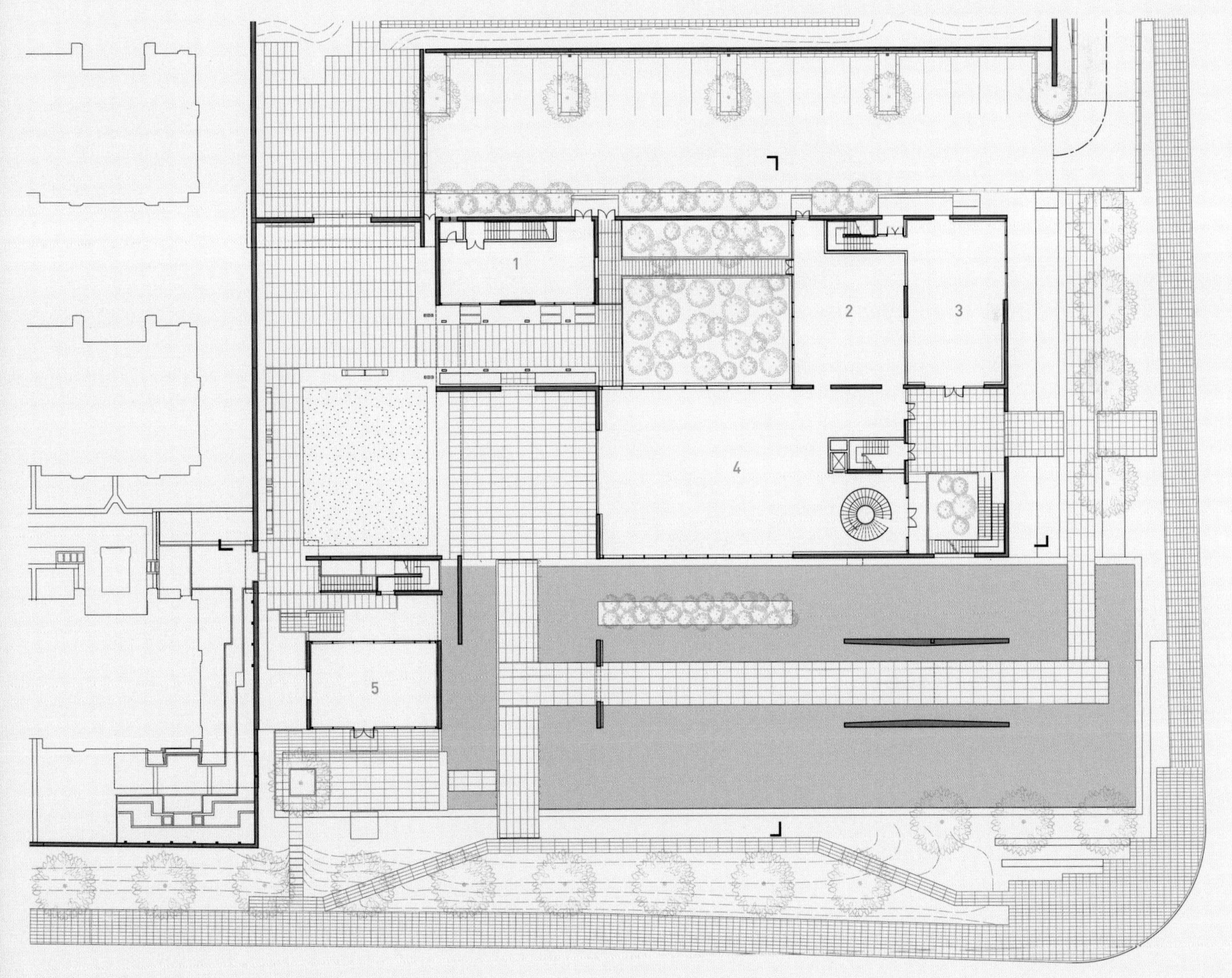

0 5m

首层平面图

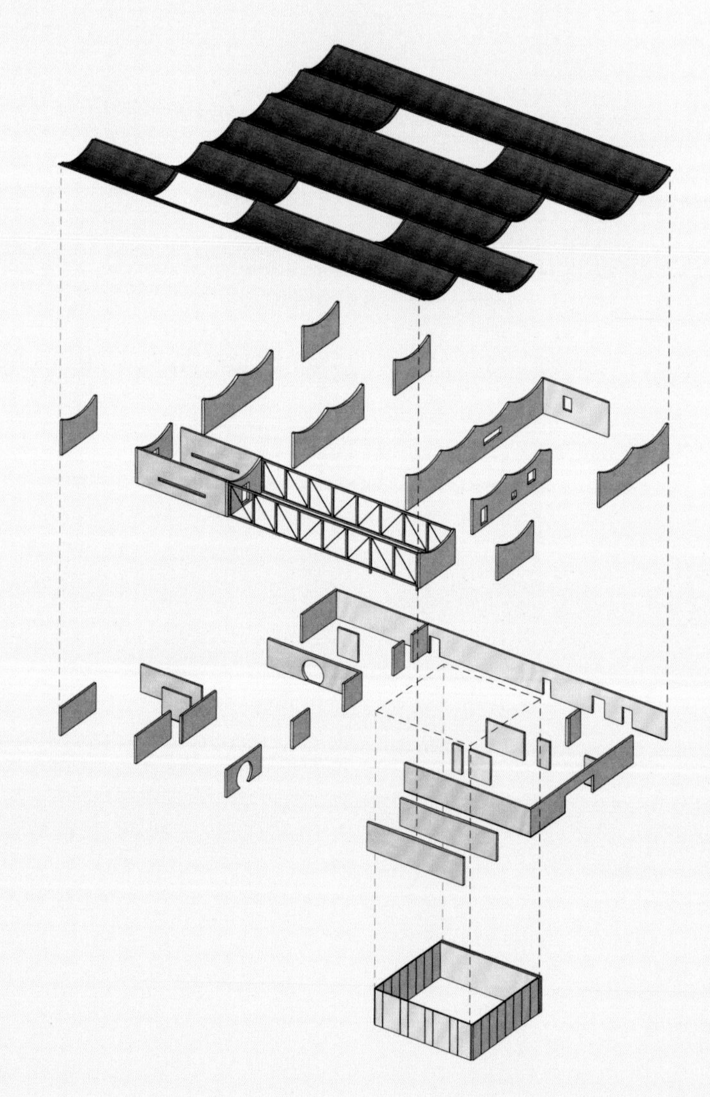

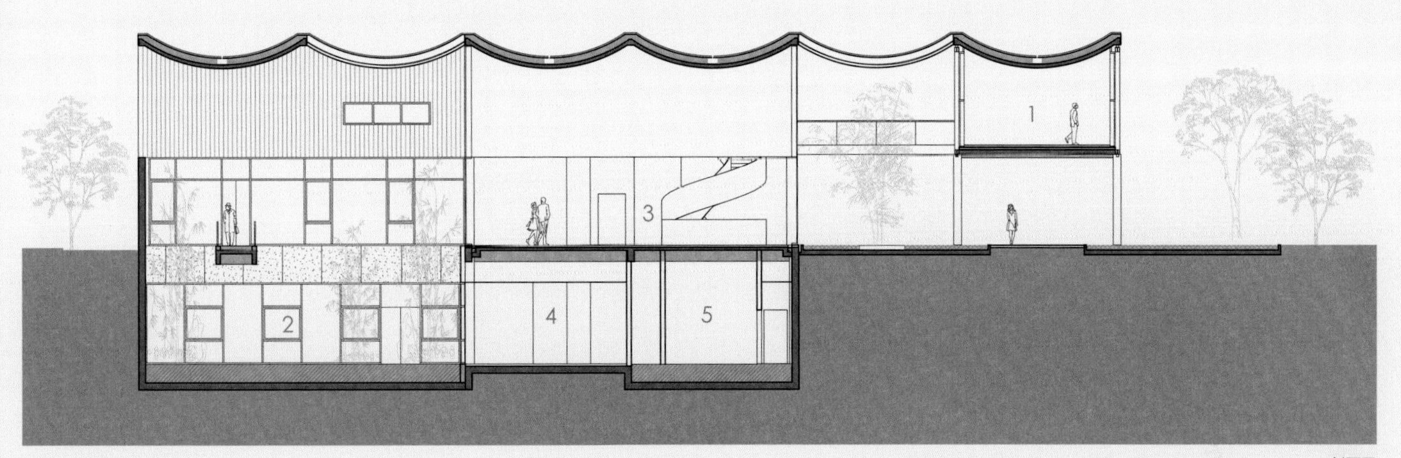

剖面图

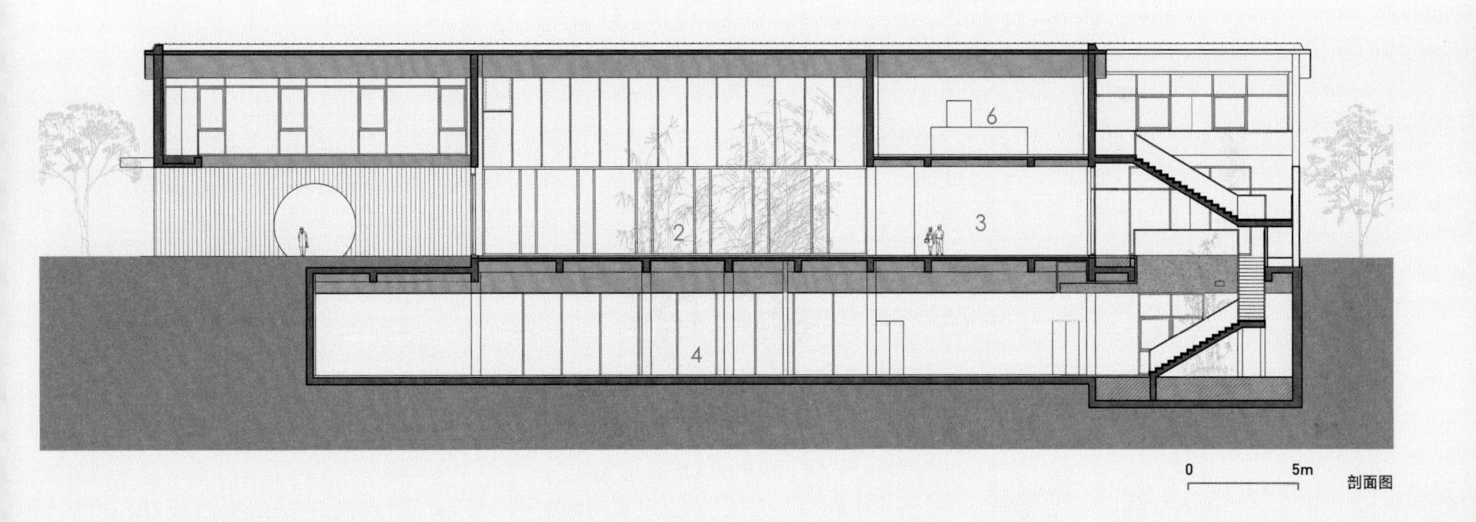

剖面图

1 咖啡厅
2 下沉庭院
3 艺术展厅
4 健身中心
5 更衣室
6 图书馆

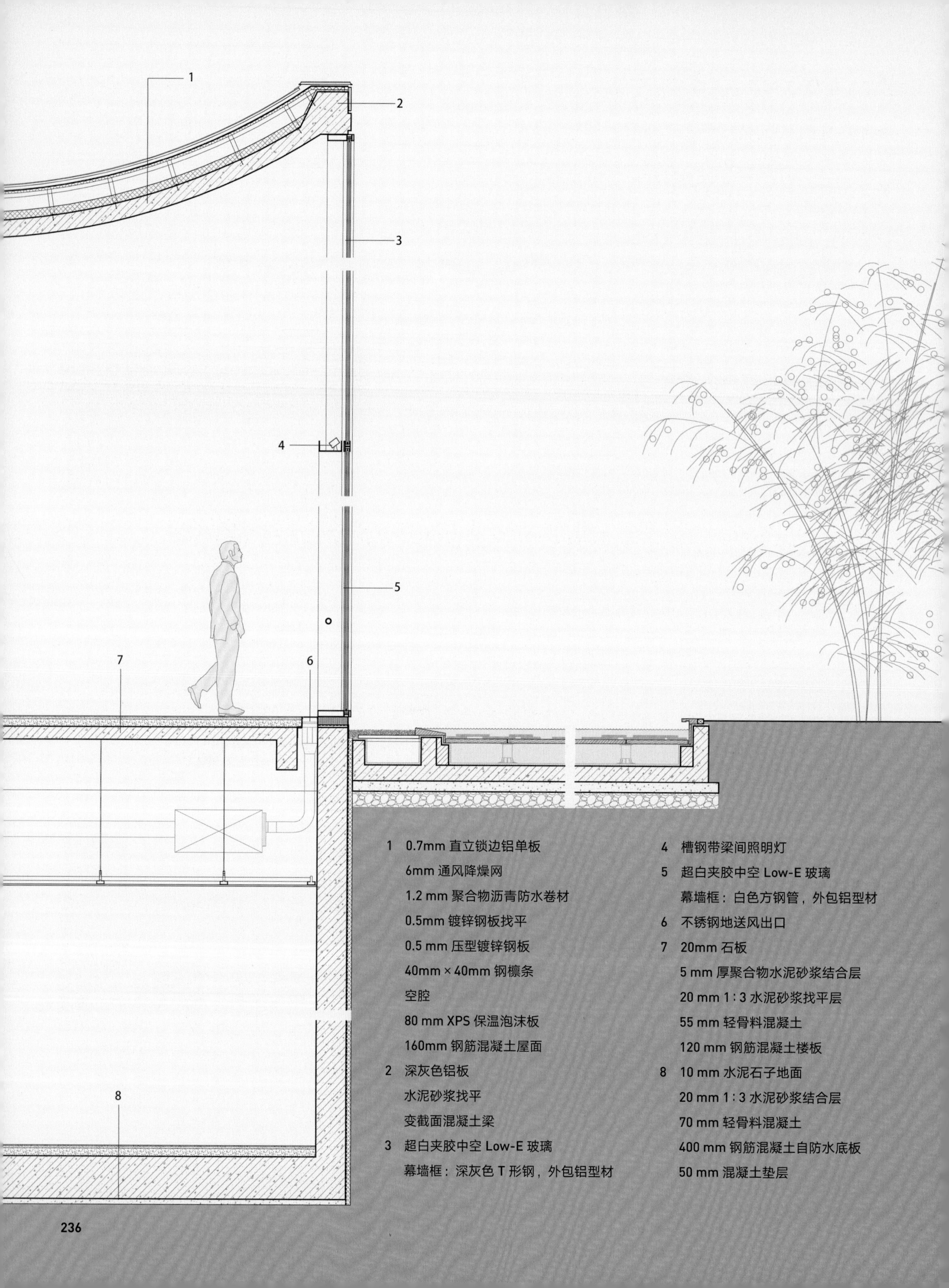
1
2
3
4
5
6
7
8
1 0.7mm 直立锁边铝单板
6mm 通风降燥网
1.2 mm 聚合物沥青防水卷材
0.5mm 镀锌钢板找平
0.5 mm 压型镀锌钢板
40mm × 40mm 钢檩条
空腔
80 mm XPS 保温泡沫板
160mm 钢筋混凝土屋面
2 深灰色铝板
水泥砂浆找平
变截面混凝土梁
3 超白夹胶中空 Low-E 玻璃
幕墙框：深灰色 T 形钢，外包铝型材
4 槽钢带梁间照明灯
5 超白夹胶中空 Low-E 玻璃
幕墙框：白色方钢管，外包铝型材
6 不锈钢地送风出口
7 20mm 石板
5 mm 厚聚合物水泥砂浆结合层
20 mm 1∶3 水泥砂浆找平层
55 mm 轻骨料混凝土
120 mm 钢筋混凝土楼板
8 10 mm 水泥石子地面
20 mm 1∶3 水泥砂浆结合层
70 mm 轻骨料混凝土
400 mm 钢筋混凝土自防水底板
50 mm 混凝土垫层

精密加工与低技施工结合的工艺策略

- 由普通脚手架支撑精准找形及加工的弧形钢管
- 弧形钢管上满铺 100 毫米宽条形木板
- 条形木板上满铺 1.2 米 ×2.4 米 胶合木混凝土模板，并由人工向下踩实
- 铺设及绑扎钢筋
- 混凝土现浇
- 保温及防水层施工
- 龙骨及铝镁锰屋面施工

反筒壳底部的有组织自由排水

雨水沟位于反弧形筒壳结构的最低点，需要做到 600 毫米宽。为了减少对第五立面的影响，我们采用了“缝隙式排水”，将金属屋面出挑在雨水沟上方，沟的可见面只有 100 毫米宽。对于半室外空间的筒壳屋面排水，雨水沿沟汇聚到特别设计的不锈钢落水口里，再自由落入下方的景观水池里。

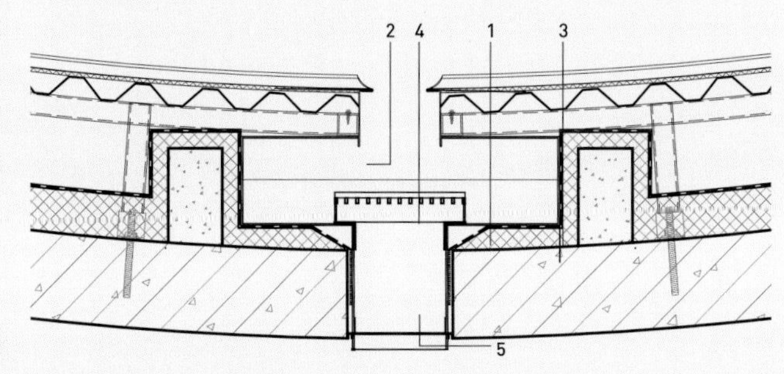

1 混凝土雨水沟
2 泛水板
3 C20 细石混凝土
4 雨水斗
5 金属篦子

粉墙的岁月质感

将碳化小木模板钉在光滑的大模板上形成整体模板，在每两块小木模板之间留出 20 毫米的空隙供混凝土溢出。拆模后可以看到小木模板留下的木纹理和竖向的凸出线条。在喷涂白色面漆之后用灰刀竖刮，墙面就在白底上透出混凝土的本色和木纹质感。

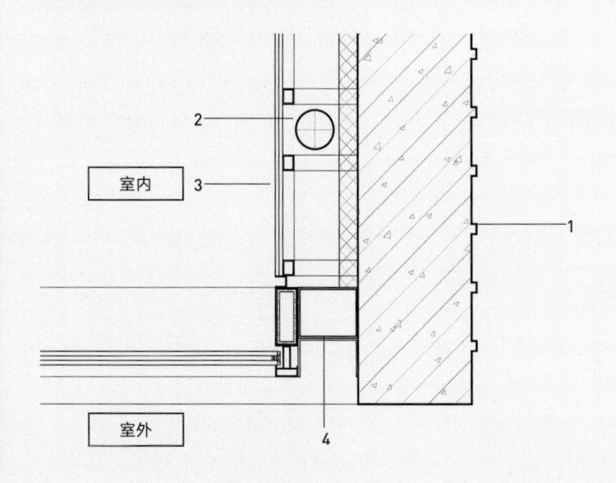

1 凸出的竖向条纹
2 雨水管
3 双层石膏板
4 160mm × 100mm 凹槽

连续筒壳在外部以波浪状的山墙形式出现，
表达了与水以及江南传统建筑风貌的联系

墙体是围合性的，可以划分不同的空间；空洞则是开放性的，可以连通不同的空间——这种秩序的双重潜力能够实现凝聚与开放的共存

交替出现的实墙和洞口让建筑与自然在相互界定中融会贯通，交织的灵韵为整个场所带来了光阴的流转

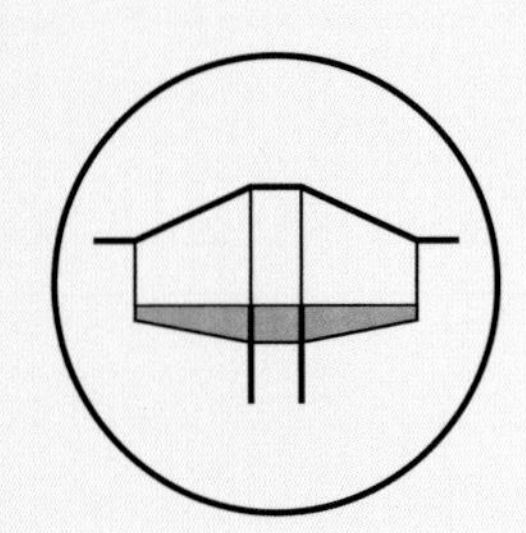

Collaborate with Nature

与自然合作

Shanghai

上海
2016—2017

Deep Dive Rowing Club

深潜赛艇俱乐部

这座为青少年赛艇运动提供服务的俱乐部位于上海世纪公园内一条河流的转弯处，周围有密植的水杉林。为了最大限度地减少对原环境的影响，我们将使用空间拆分成四个部分: 浮式码头设在南侧的港湾里，活动室放在西侧的河道中，更衣室建在老码头原址上，艇库则成为项目中唯一需要占用林地的部分。为了避免大面积砍伐或移栽，我们再将艇库拆解为三根 0.8 米宽的窄条插入林中。艇库的结构如小树干一般，除必要的顶部遮蔽外完全敞开，让取还赛艇成为一种负重在肩的林中漫步。林间的步道采用了通透的设计，我们用点状的小混凝土块作为基础，托起作为步道的不锈钢格栅，使花草植被仍然能在其间生长，松鼠、乌龟等小动物的活动也不会被步道打断。

更衣室是一座用巴劳木木板墙围护的窄条形房子，天窗给更衣和浴室空间带来自然光。这座小屋的实体性既能满足自身对私密性的需要，也能在杉林和河流之间形成一道屏障，强化两个场所各自的体验。

水中的活动室是一座类似“不系之舟”的水榭。底面是一个类似驳船的长方形钢格板，20 米长的双坡屋盖仅由位于两端的 H 形组合钢柱支撑，带来了空间的自由和开放。活动室的其他三面朝向开敞的河景，临水的推拉扇之下是可以安坐的通长窗台，使这一内外空间的边界成为休憩、交流和观景的场所。比河岸略低的标高赋予活动室一种船舱般的场所感，置身其中，能在安定之余感受到与外界自然的通达融合。

赛艇码头满铺塑木板，由捆扎在一起的浮筒群承托。码头两侧都可以停靠赛艇，并分别通过坡道和小梯连接艇库和活动室。坡道和小梯两头都采用了铰接节点以顺应水位的涨落。

化整为零的设计策略、轻巧的钢结构，以及由曲径串起的多重空间共同构成了这个森林中的小小聚落。它以最轻微的方式介入自然，通过与自然的亲密合作，向学员们传递了可持续建造的观念。

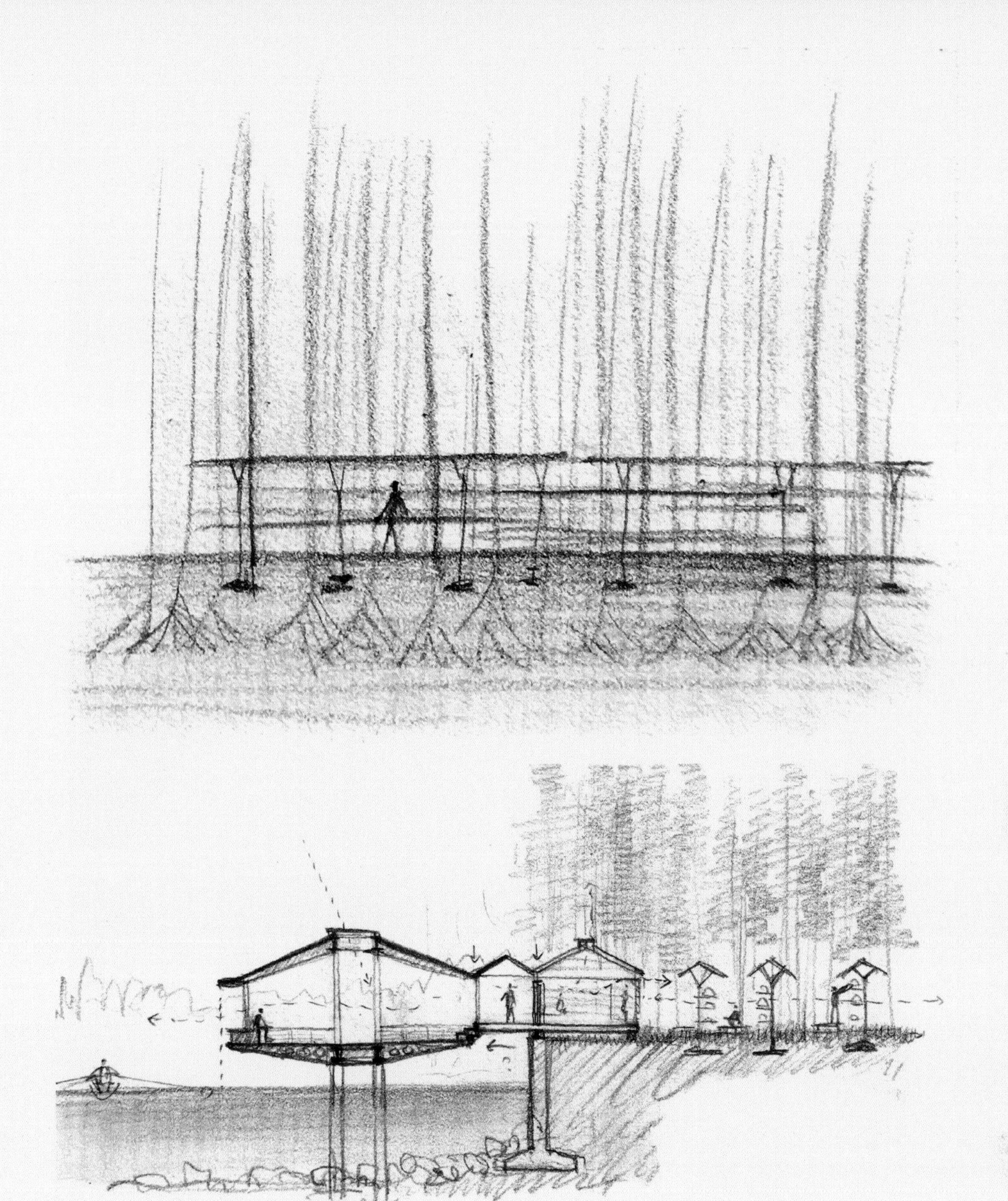

项目地点：上海市浦东新区世纪公园　项目功能：青少年赛艇培训和交流活动　建筑占地：约 120 m²　建筑面积：300 m²

设计 / 建成时间：2016 / 2017　设计团队：祝晓峰、李启同（项目经理）、杜洁（项目建筑师）、周延

业主：万科教育集团　结构顾问：张准 / 和作结构建筑研究所　建筑结构：钢框架结构

主要用材：巴劳木板材、钛锌板屋面、断热铝合金折叠窗系统、白色条形铝板、复合实木、防锈漆及氟碳保护层、塑木地板

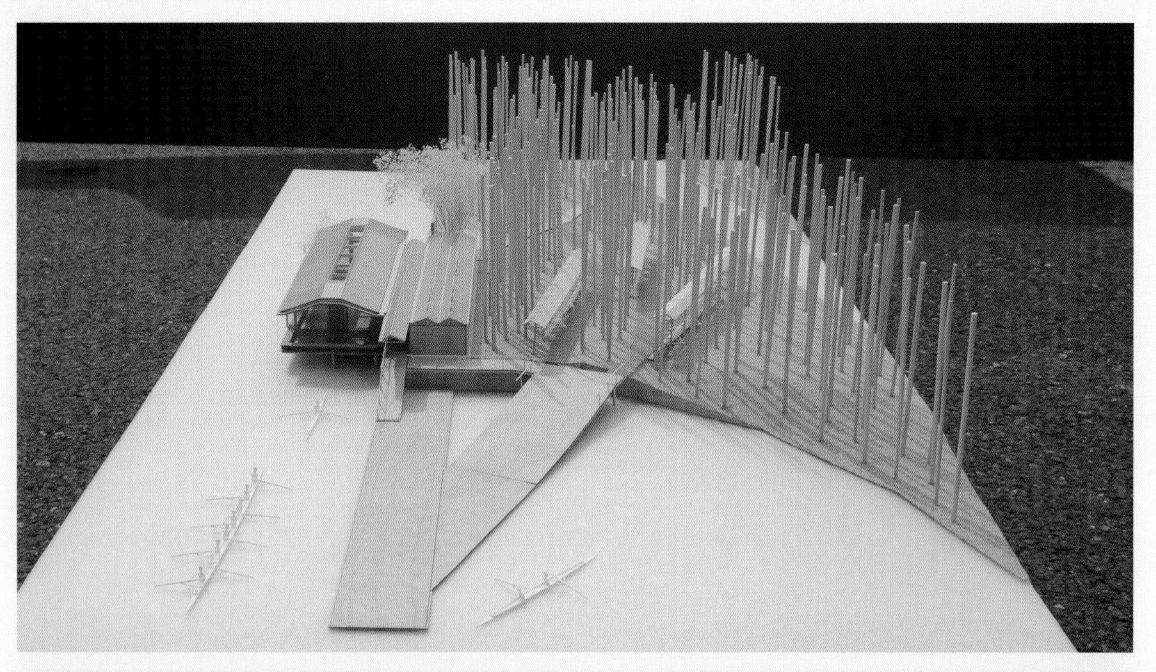

1 入口庭院
2 门厅
3 活动室
4 北侧水上平台
5 淋浴间、更衣室
6 艇库
7 水上码头

0 5m 首层平面图

剖面图

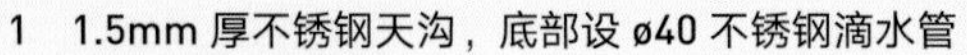

1 1.5mm 厚不锈钢天沟，底部设 ø40 不锈钢滴水管

2 0.7mm 厚钛锌板
钛锌板配套立边骨架
6mm 通风降噪网
1.5mm 厚黏性高分子防水卷材
20mm 厚细木工板屋面
聚丙乙烯防水透气膜
50mm 厚龙骨，填充泡沫玻璃保温板
高聚物改性沥青隔汽层
钢梁
铝扣板吊顶与配套专用龙骨固定，周围加配套收边

3 半彩釉钢化夹胶 Low-E 中空玻璃
钢梁
轻钢龙骨主龙骨 @<1200
半透明膜

4 0.7mm 厚钛锌板
钛锌板配套立边骨架
6mm 通风降噪网
1.5mm 厚黏性高分子防水卷材
20mm 厚细木工板屋面
聚丙乙烯防水透气膜
60mm 厚泡沫玻璃保温板
高聚物改性沥青隔汽层
钢板

5 15mm 厚优质防腐木
40mm × 40mm 木龙骨 @400，表面刷防腐剂及防火涂料
6mm 厚抗裂砂浆，压入耐碱网格布，保温钉固定
龙骨间填充 40mm 厚岩棉，表面包防潮膜
20mm 厚 1 : 3 砂浆找平
聚合物水泥浆一道（内掺结构胶）
混凝土砌块墙

6 防水 PVC 卷材，焊缝处理
2mm 厚腻子找平
2mm 厚聚合物水泥基防水涂料
最薄处 20mm 厚 1 : 3 保温砂浆找坡抹平
水泥浆一道（内掺结构胶）
40mm 厚细石混凝土
花纹钢板

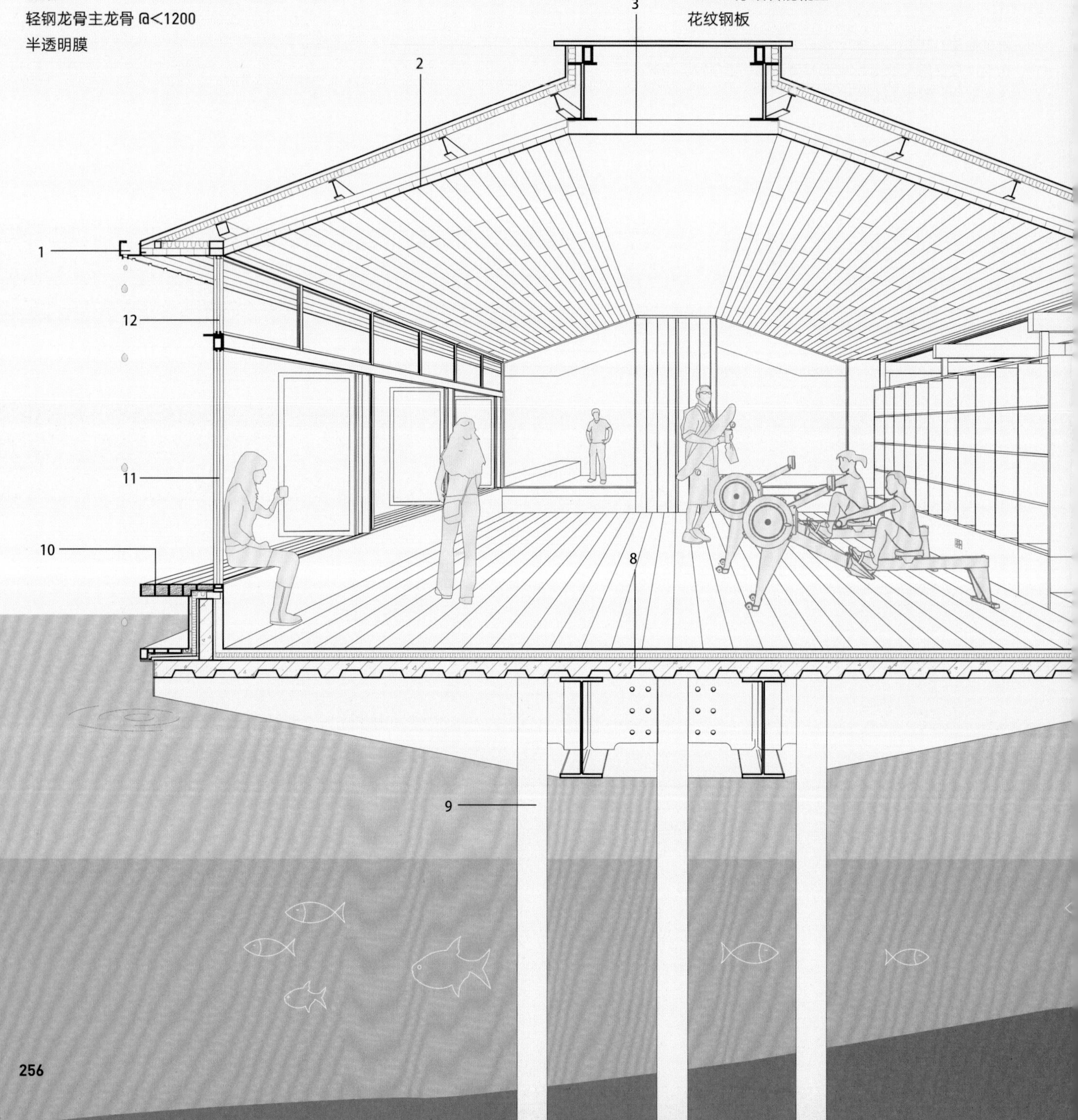

7　0.2mm 厚聚氨酯漆
20mm 厚硬木木地板面层，背面满刷氟化钠防腐剂，及防火涂料
40mm × 40mm 木龙骨 @400，表面刷防腐剂及防火涂料（龙骨间填岩棉，表面包防潮膜）
20mm 厚 1∶3 水泥砂浆找平
40mm 厚细石混凝土
花纹钢板
钢梁
8　0.2mm 厚聚氨酯漆
20mm 厚硬木木地板面层，背面满刷氟化钠防腐剂及防火涂料
40mm × 40mm 木龙骨 @400，表面刷防腐剂及防火涂料（龙骨间填岩棉，表面包防潮膜）
20mm 厚 1∶3 水泥砂浆找平
水泥浆一道（内掺结构胶）
压型钢板
9　钢管桩
10　室外坐凳：100mm × 80mm 巴劳木木板条
11　折叠推拉窗扇：钢化 Low-E 中空玻璃，白色氟碳喷涂窗框
12　固定高窗：钢化 Low-E 中空玻璃

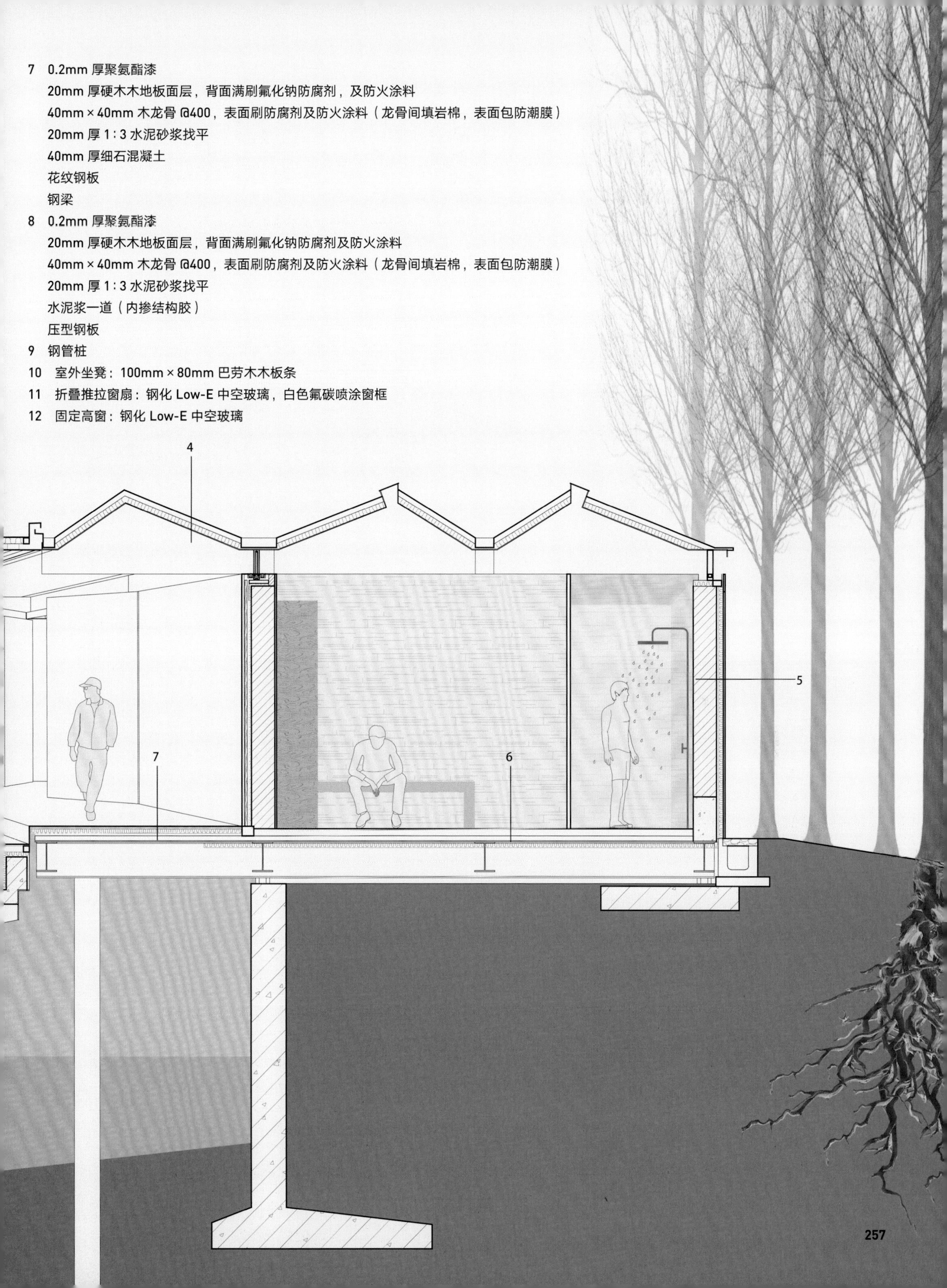

人与光的通道：柱间门与梁间窗

覆盖活动室的是一个 20 米长的双坡屋盖，仅由位于两端的两对 H 形组合钢柱支撑——这为空间的营造提供了自由和因借：H 形双柱之间是通往亲水平台的门洞，柱跨上的双梁之间则成为顶部采光的通道。在这里，收缩的结构和张开的飞檐都以中轴为纲，在空间体验上隐喻了赛艇手的划桨动作。

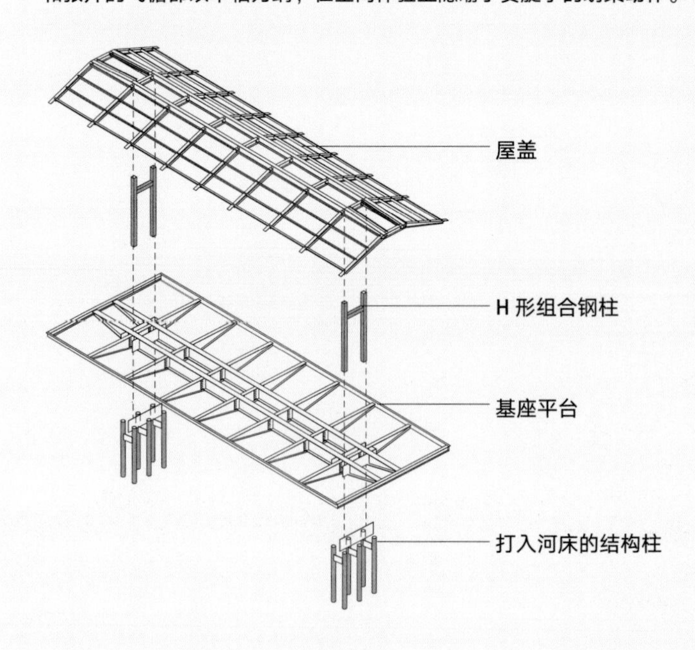

折板的适应性

更衣室屋顶是由山形梁支撑的钢折板金属屋面，通过顶部天窗和高侧窗给更衣和浴室空间带来自然采光和通风。这一折板体系在端部出挑成为两侧入口的雨棚，在底部拉筋以保证折板尽端的稳定。

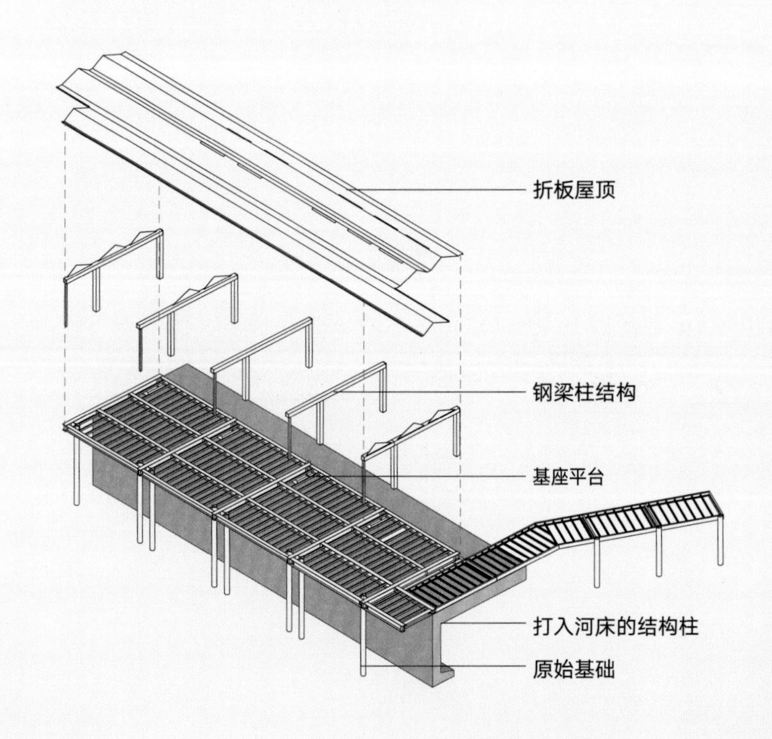

小杈长棚

杉树林中，三条长 13 ~ 18 米、宽仅 0.8 米的“树杈小棚”就是赛艇的家。小棚的每一组支撑构件中，4 对螺栓把一对角钢组合柱和 4 根挑杆牢牢地固定在一起。挑杆用来放置赛艇，一对角钢柱则在顶部像树枝般分叉，支撑双坡钢板屋顶。

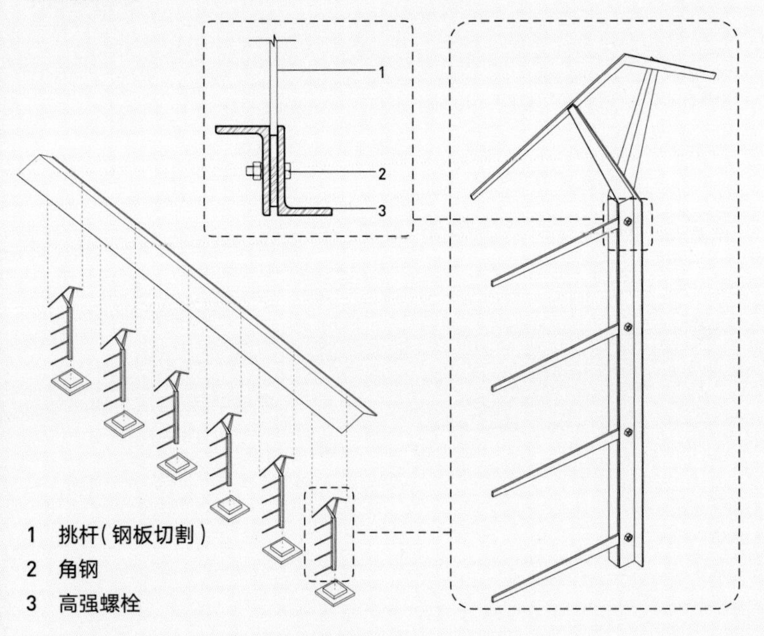

生态友好步道

沿着运艇的路线，布置了 600 块点状的小混凝土块作为基础，上面放置不锈钢金属格栅作为步道。这样的通透式步道减少了对植被生长的“打扰”，小动物的活动也不会被道路打断。

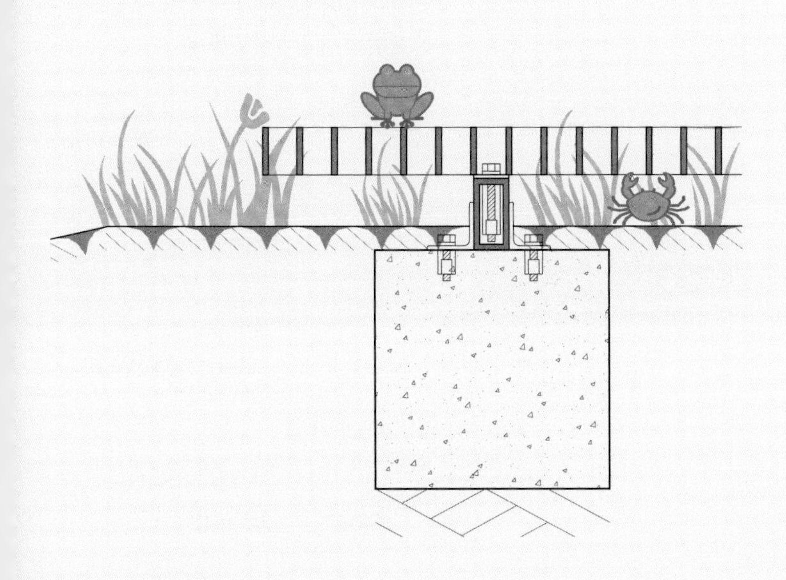

建筑和船都是身心的延伸。结构对于空间如同机械对于赛艇一样，

蕴含了这项运动的智慧：人与其延伸物的的亲密结合

水中的活动练习室仿佛一叶被
自然环绕的“不系之舟”

concept 2
concept 2
concept 2
concept 2
concept 2

APPENDIX

附录

作品年表

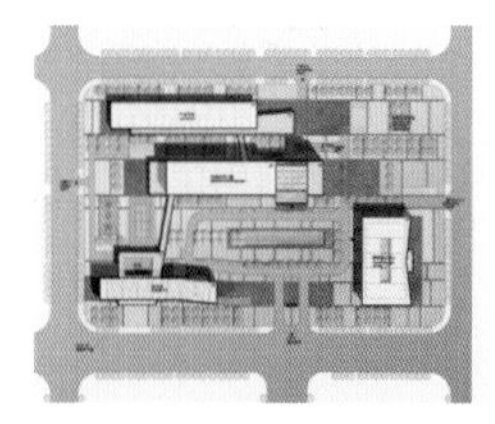

北京福田重工总部基地

项目地点：北京市
项目功能：总部办公
建筑面积：28 477 m²
设计 / 建成：2004/ 概念阶段
设计团队：祝晓峰、胡波
业主：北京福田俊丰

青浦新城夏阳湖 6 号地块城市设计与商业综合体设计

项目地点：上海市青浦区
项目功能：商业综合体
建筑面积：58 809 m²
设计 / 建成：2004/ 概念阶段
设计团队：祝晓峰、蔡江思
业主：上海青浦新城区建设发展有限公司

万科假日风景社区中心

项目地点：上海市闵行区
项目功能：社区服务、邮局、警所、餐饮、超市、办公等
建筑面积：13 654 m²
设计 / 建成：2004/2007
设计团队：祝晓峰、蔡江思、郭振鑫、郑钧木
业主：上海万科
合作设计院：上海交大安地建筑设计有限公司

上海现代生活服务公共实训基地

项目地点：上海市青浦区
项目功能：体育训练
建筑面积：8730 m²
设计 / 建成：2005/ 概念阶段
设计团队：祝晓峰、蔡江思、郭丹、李启同、李光耀、高侦珍
业主：上海市职业培训指导中心
合作设计院：上海华东建设发展设计有限公司

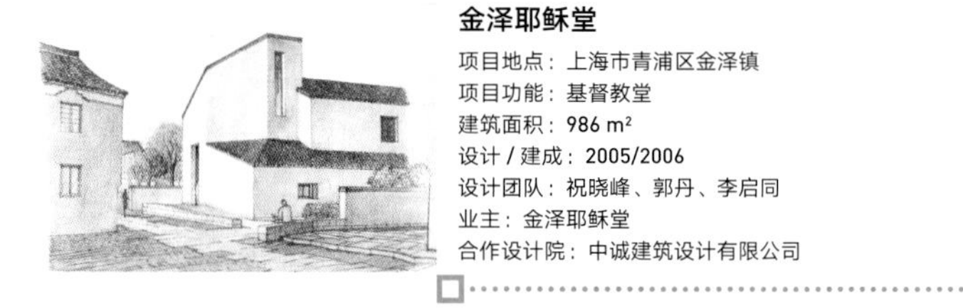

金泽耶稣堂

项目地点：上海市青浦区金泽镇
项目功能：基督教堂
建筑面积：986 m²
设计 / 建成：2005/2006
设计团队：祝晓峰、郭丹、李启同
业主：金泽耶稣堂
合作设计院：中诚建筑设计有限公司

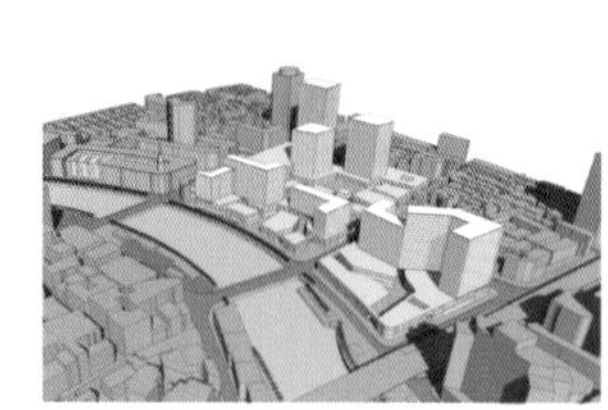

苏州河北岸城市设计

项目地点：上海市虹口区
项目功能：商业、住宅、酒店、办公、邮局
基地面积：271 000m²
设计 / 建成：2005/ 概念阶段
设计团队：祝晓峰、Pablo Vaggione
业主：美国富顿集团

2004

2005

仁杰河滨会所

项目地点：上海市青浦区
项目功能：阅览室、咖啡室、健身中心
建筑面积：1070 m²
设计 / 建成：2004/ 概念阶段
设计团队：祝晓峰、郭丹
业主：上海仁杰河滨园房地产有限公司

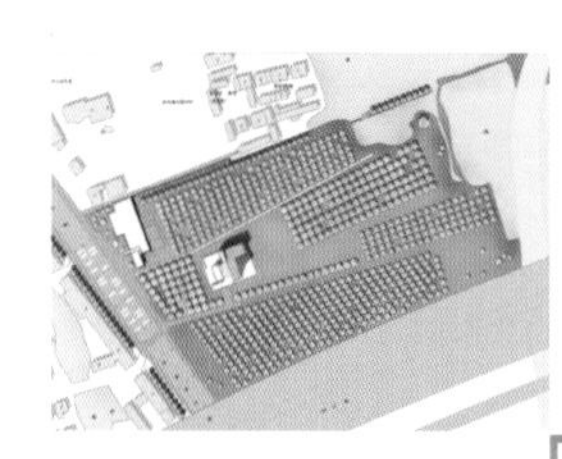

青松外苑

项目地点：上海市青浦
项目功能：绿地景观和餐厅
建筑面积：1303 m²
设计 / 建成：2004/2005
设计团队：祝晓峰、郭丹、李启同
业主：伊露华实业发展有限公司
合作设计院：深圳大学建筑设计研究院上海分院

青浦盈港路车站商业广场

项目地点：上海市青浦区
项目功能：商业
建筑面积：58 065 m²
设计 / 建成：2004/ 方案阶段
设计团队：祝晓峰、蔡江思
业主：上海青浦住宅开发有限公司

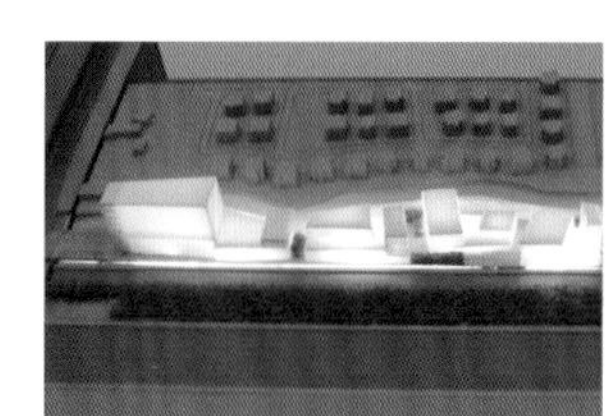

徐泾康城商业街区

项目地点：上海市青浦区
项目功能：商业、办公
建筑面积：22 500 m²
设计 / 建成：2005/ 概念阶段
设计团队：祝晓峰、李启同、李嘉嘉
业主：上海寅中寅实业有限公司

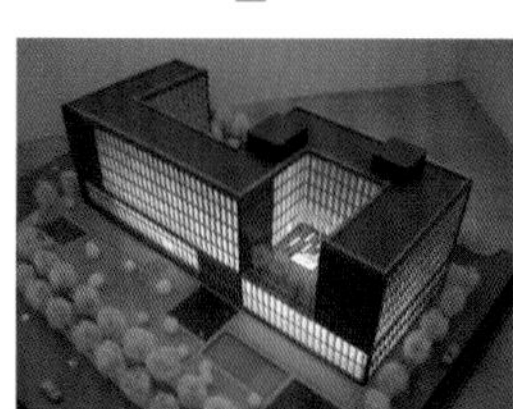

晨兴广场写字楼

项目地点：上海市青浦区
项目功能：写字楼、银行等
建筑面积：18 822 m²
设计 / 建成：2005/2008
设计团队：祝晓峰、蔡江思、李启同、高侦珍
业主：上海晨兴房产开发有限公司
合作设计院：上海沛骊建筑设计有限公司

来之福酒店

项目地点：上海市青浦区
项目功能：酒店改造
建筑面积：3183 m²
设计 / 建成：2006/2007
设计团队：祝晓峰、郭丹、李光耀、高侦珍
业主：上海来之福实业有限公司
合作设计院：上海原构设计咨询有限公司

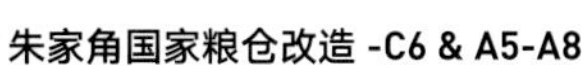

朱家角国家粮仓改造 -C6 & A5-A8

项目地点：上海市青浦区
项目功能：餐厅、会所、音乐厅
建筑面积：7500 m²
设计 / 建成：2006/ 施工图阶段
设计团队：祝晓峰、蔡江思
业主：弘大集团
结构设计：同济大学建筑设计研究院

重庆天景置业学府大道 69 号 5 期 B7 地块

项目地点：重庆市
项目功能：住宅
建筑面积：57 013 m²
设计 / 建成：2007/ 概念阶段
设计团队：祝晓峰、许磊、丁旭芬
业主：重庆天景置业有限公司

连云港大沙湾海滨浴场

项目地点：江苏省连云港市
建筑功能：更衣淋浴、餐饮、健身、娱乐、酒店客栈
建筑面积：7761 m²
设计 / 建成，2007/2009
设计团队：祝晓峰、蔡江思、许磊、许曳、丁旭芬
业主：连岛海滨度假区管委会

2006

2007

新虹桥快捷假日酒店

项目地点：上海市闵行区
项目功能：酒店
建筑面积：25 844 m²
设计 / 建成：2006/2008
设计团队：李启同、许磊、蔡江思、丁旭芬
业主：上海伊露华实业发展有限公司
合作设计院：上海原构设计咨询有限公司

深圳万科溪之谷别墅

项目地点：广东省深圳市
项目功能：别墅
建筑面积：700 m²
设计 / 建成：2006/ 概念阶段
设计团队：祝晓峰、蔡江思
业主：万科集团

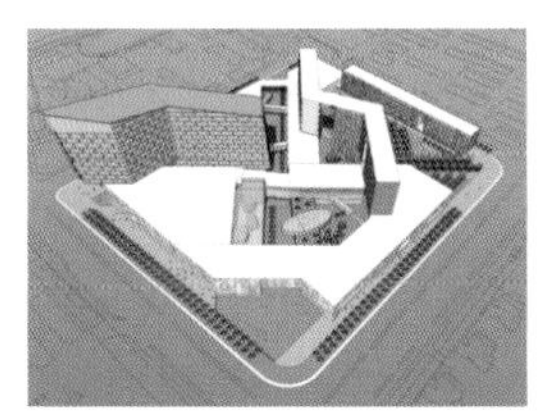

上海万科七宝地铁站综合体

项目地点：上海市闵行区
项目功能：商业综合体
建筑面积：144 900 m²
设计 / 建成：2006/ 概念阶段
设计团队：祝晓峰、许磊、李启同
业主：万科集团

南京总统府酒店

项目地点：浙江省南京市
项目功能：酒店
建筑面积：43 570 m²
设计 / 建成：2006/ 概念阶段
设计团队：祝晓峰、Pablo Vaggione、郭丹
业主：美国富顿集团

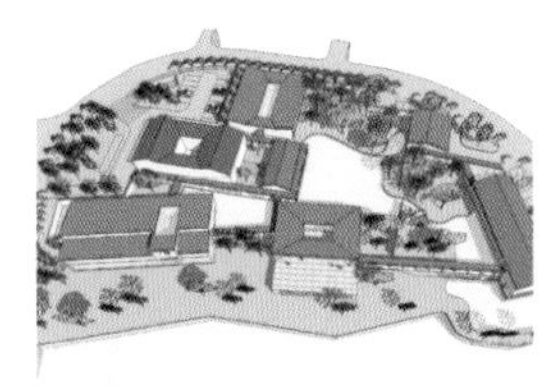

深圳万科塘夏别墅及会所

项目地点：广东省深圳市
项目功能：会所、住宅
建筑面积：9500 m²
设计 / 建成：2007/ 概念阶段
设计团队：祝晓峰、李启同
业主：万科集团

连云港定海神针

项目地点：江苏省连云港
项目功能：观光塔
高度：207m
设计 / 建成：2007/ 概念阶段
设计团队：祝晓峰、蔡江思
业主：连云港东方资产经营有限责任公司

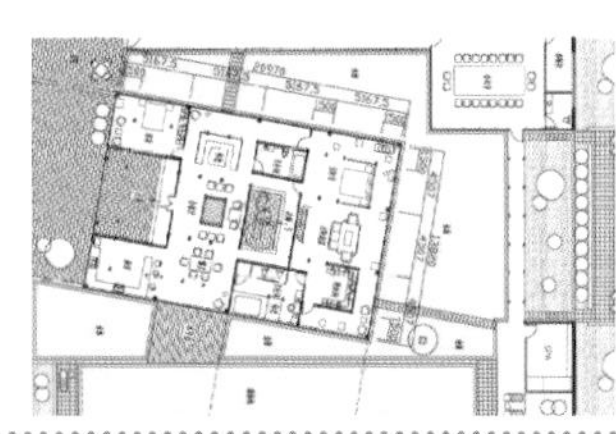

世博古民居酒店

项目地点：上海市浦东新区
项目功能：酒店
建筑面积：1512 m²
设计 / 建成：2007/ 概念阶段
设计团队：祝晓峰、李启同
业主：上海地产（集团）有限公司

胜利街居委会和老年人日托站

项目地点：上海市青浦区
建筑功能：社区服务
建筑面积：502 m²
设计 / 建成：2007/2011
设计团队：祝晓峰、许磊、丁旭芬、董之平
业主：朱家角镇政府
合作设计院：上海原构设计咨询有限公司

秋霞圃西园

项目地点：上海市嘉定区
项目功能：艺术文化中心
建筑面积：5200 m²
设计 / 建成：2008/ 竞赛
设计团队：祝晓峰、蔡江思
业主：嘉定区规划管理局

2010 上海世博会万科馆

项目地点：上海市世博会场
项目功能：展览
建筑面积：6300 m²
设计 / 建成：2008/ 竞赛前三名
设计团队：祝晓峰、蔡江思、丁旭芬
业主：万科集团

连岛国土所接待中心

项目地点：江苏省连云港市
项目功能：接待中心
建筑面积：2067 m²（地上），756 m²（地下）
设计 / 建成：2008/ 概念阶段
设计团队：祝晓峰、许磊、许曳
业主：连岛国土所

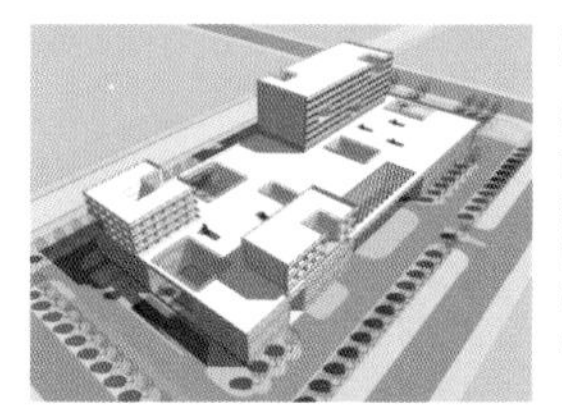

嘉定区妇幼保健院

项目地点：上海市嘉定区
项目功能：医院
建筑面积：29 859 m²（地上），13 317 m²（地下）
设计 / 建成：2008/ 竞赛
设计团队：祝晓峰、许磊
业主：嘉定区妇幼保健院

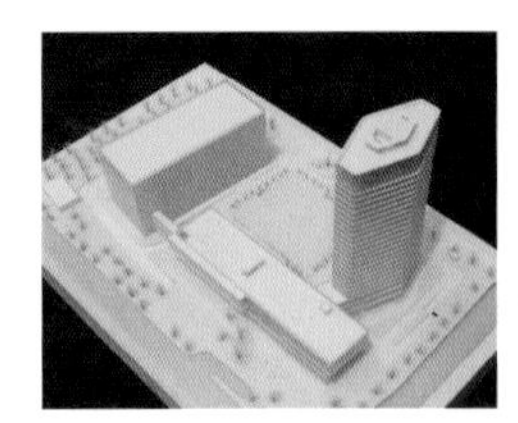

嘉定寰鑫酒店二期

项目地点：上海市嘉定区
项目功能：酒店、会议
建筑面积：106 793 m²
设计 / 建成：2008/ 方案阶段
设计团队：祝晓峰、李启同、许磊、丁旭芬、许曳、夏超
业主：上海寰鑫置业有限公司

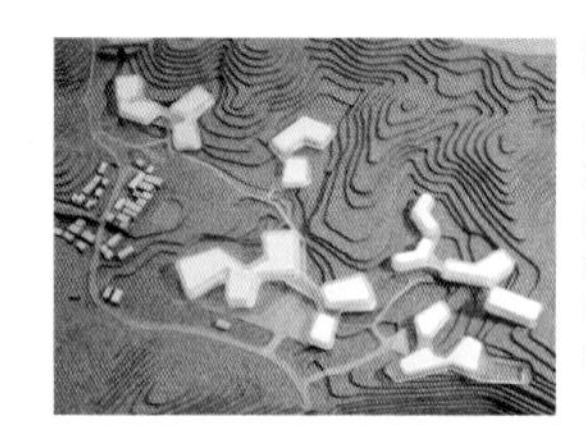

深圳华大基因研发基地

项目地点：广东省深圳市
项目功能：研发办公
建筑面积：63 000 m²
设计 / 建成：2008/ 概念阶段
设计团队：祝晓峰、李文佳
业主：深圳万科

2008

朱家角人文艺术馆

项目地点：上海市青浦区
项目功能：美术馆
建筑面积：1818 m²
设计 / 建成：2008/2010
设计团队：祝晓峰、许磊、李启同、董之平、张昊
业主：上海淀山湖新城发展有限公司
合作设计院：上海现代华盖建筑设计有限公司

长甲金桥科技研发中心

项目地点：上海市浦东新区
项目功能：办公、研发中心
建筑面积：28 281 m²
设计 / 建成：2008/ 竞赛
设计团队：祝晓峰、李启同
业主：上海长甲置业有限公司

包玉刚实验学校金山校区

项目地点：上海市金山区
项目功能：中学
建筑面积：82 400 m²
设计 / 建成：2008/ 施工图阶段
设计团队：祝晓峰、蔡江思、庄鑫嘉、李文佳
业主：上海民办包玉刚实验学校
合作设计院：上海建筑设计研究院有限公司

证大西镇别墅

项目地点：上海市青浦区
项目功能：住宅
建筑面积：15 000 m²
设计 / 建成：2008/ 概念阶段
设计团队：祝晓峰、蔡江思
业主：证大集团

朱家角演艺中心

项目地点：上海市青浦区
项目功能：文化演出
建筑面积：19 180 m²（地上），16 950 m²（地下）
设计 / 建成：2008/ 概念阶段
设计团队：祝晓峰、蔡江思
业主：证大集团

南京金色城品

项目地点：江苏省南京市
项目功能：住宅
建筑面积：98 502 m²
设计 / 建成：2008/2010
设计团队：祝晓峰、李启同、丁旭芬
业主：万科集团

大裕村艺术家村

项目地点：上海市嘉定区马陆镇
建筑功能：美术馆、艺术家工作室
建筑面积： 9807 m²
设计 / 建成： 2009/ 施工图阶段
设计团队：祝晓峰、许磊、李启同、董之平、丁旭芬、张昊
业主：马陆镇城市规划建设管理办公室
合作设计：上海大舍建筑设计事务所

黄埔码头一号

项目地点：上海市杨浦区
项目功能：展览、会议、酒店、商业、餐饮
建筑面积：30 670 m²
设计 / 建成：2009/ 概念阶段，未建成
设计团队：祝晓峰、张昊

宁波万科慈城会所

项目地点：浙江省宁波市
项目功能：休闲会所
建筑面积： 5024 m²
设计 / 建成： 2010/ 扩初阶段
设计团队：祝晓峰、丁鹏华、庄鑫嘉、李硕、梁山
业主：宁波万科
合作设计院：宁波市建筑设计研究院有限公司

嘉定老城永乐地块概念设计

项目地点：上海市嘉定区
项目功能：办公、老年服务设施、青少年服务设施、公共服务设施
建筑面积：24 575 m²
设计 / 建成：2010/ 概念阶段
设计团队：祝晓峰、董之平
业主：嘉定区规划管理局

南宁易居苑

项目地点：广西省南宁市
项目功能：住宅
建筑面积：12 704 m²
设计 / 建成：2010/ 方案阶段
设计团队： 祝晓峰、庄鑫嘉、吴健、石圻
业主：广西华劲集团有限公司

2009

2010

西圆港桥

项目地点：上海市青浦区
项目功能：公路及人行桥
桥长：38m
主跨：13m
设计 / 建成：2009/2010
设计团队：祝晓峰、李文佳
业主：上海青浦新城区建设发展有限公司

东来书店

项目地点：上海市嘉定新城紫气东来公园东北角
项目功能：书店、咖啡厅、茶室
建筑面积：726 m²
设计 / 建成：2009/2011
设计团队：祝晓峰、丁鹏华、李文佳、庄鑫嘉、张昊
业主：嘉定新城公司
合作设计院：北京中外建建筑设计有限公司

嘉定安亭汽车文化创意产业园

项目地点：上海市嘉定区
项目功能：产业园
建筑面积：119 765 m²
设计 / 建成：2010/ 方案阶段
设计团队： 祝晓峰、丁鹏华、李硕、许曦文
业主：上海国际机电五金交易中心
合作设计院：新华建筑设计有限公司

金陶村村民活动室

项目地点：上海市嘉定区马陆镇大裕村
建筑功能：村民活动
占地面积：256 m²
建筑面积：234 m²
设计 / 建成：2009/2010
设计团队：祝晓峰、丁鹏华
业主：大裕村村委会

朱家角古乐楼

项目地点：上海市青浦区
项目功能：音乐和多媒体艺术演出、会馆
建筑面积：5300 m²
设计 / 建成：2010/ 方案阶段
设计团队：祝晓峰、李启同、李硕
业主：上海淀山湖新城发展有限公司
合作设计院：上海建筑设计研究院有限公司

杭州 Elite Concepts DNA 酒店

项目地点：浙江省杭州市
项目功能：酒店
建筑面积：1453 m^2
设计 / 建成：2011/ 概念阶段
设计团队：祝晓峰、李启同、梅富鹏
业主：上海优意企业管理有限公司

青浦新城大社区初中

项目地点：上海市青浦区
项目功能：初中
建筑面积：17 030 m^2
设计 / 建成：2011/ 概念阶段
设计团队：祝晓峰、庄鑫嘉、李硕、苏圣亮
业主：上海淀山湖新城发展有限公司

淀山湖新城怀盛住宅区

项目地点：上海市青浦区
项目功能：住宅、商业
建筑面积：36 365 m^2（地块一），34 420 m^2（地块二）
设计 / 建成：2011/ 概念阶段
设计团队：祝晓峰、庄鑫嘉、吴健、许曦文
业主：上海怀盛房地产开发有限公司

青浦新城大社区菜场

项目地点：上海市青浦区
项目功能：菜场
建筑面积：3148 m^2
设计 / 建成：2011/ 概念阶段
设计团队：祝晓峰、许曦文
业主：上海淀山湖新城发展有限公司

南京万科上坊人才公寓

项目地点：江苏省南京市
项目功能：住宅
建筑面积：10 261 m^2
设计 / 建成：2011/2013
设计团队：祝晓峰、李启同、周维、苏圣亮
业主：南京万科置业有限公司
合作设计院：南京长江都市建筑设计股份有限公司

青浦新城大社区幼儿园

项目地点：上海市青浦区
项目功能：幼儿园
建筑面积：8650 m^2
设计 / 建成：2011/ 概念阶段
设计团队：祝晓峰、丁鹏华
业主：上海淀山湖新城发展有限公司

2011

华东送变电工程公司黄渡基地

项目地点：上海市嘉定区
项目功能：研发办公、宿舍、会议、食堂
建筑面积：25 460 m^2
设计 / 建成：2011/ 概念阶段
设计团队：祝晓峰、李启同、李文佳、蔡勉
业主：上海市华东送变电工程公司

朱家角生态岛

项目地点：上海市青浦区
项目功能：住宅、会所
建筑面积：11 910 m^2
设计 / 建成：2011/ 概念阶段
设计团队：祝晓峰、庄鑫嘉、蔡勉、许曦文
业主：东方财富信息股份有限公司

青浦新城城市家具

项目地点：上海市青浦区
项目功能：公共设施、公交车站、路灯
设计 / 建成：2011/ 概念阶段
设计团队：祝晓峰、蔡江思
业主：上海淀山湖新城发展有限公司

SOHO 上海四川北路

项目地点：上海市虹口区
项目功能： 办公、商业
建筑面积：97 254 m^2
设计 / 建成：2011/ 概念阶段
设计团队：祝晓峰、李文佳
业主：SOHO 上海

上海刘海粟美术馆

项目地点：上海市长宁区
项目功能：美术馆
建筑面积：12 482 m²
设计 / 建成：2012/ 竞赛
设计团队：祝晓峰、李启同、周维、梁山、
苏圣亮、吴健、许曦文
业主：刘海粟美术馆

淀山湖新城三分荡环湖城市设计

项目地点：上海市青浦区
项目功能：旅游设施、酒店、住宅、公共设施
基地面积：491 300 m²
建筑面积：109 800 m²
设计 / 建成时间：2012/ 概念阶段
设计团队：祝晓峰、李启同、梁山、苏圣亮
业主：青浦区规划局

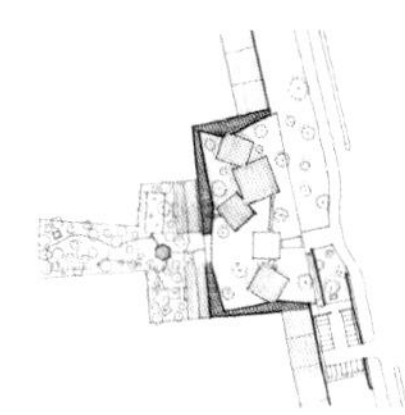

龙湖扬州售楼中心

项目地点：江苏省扬州市
项目功能：售楼中心
建筑面积：1000 m²
设计 / 建成：2012/ 概念阶段
设计团队：祝晓峰、庄鑫嘉、许曦文
业主：无锡龙湖置业有限公司

南京紫金（新港）科技创业社区

项目地点：江苏省南京市
项目功能：工厂、办公
建筑面积：100 962 m²
设计 / 建成时间：2012/2014
设计团队：祝晓峰、庄鑫嘉、胡启明
业主：南京紫金（新港）科技创业特别社区
建设发展有限公司

上海国际汽车城办公楼

项目地点：上海市嘉定区
项目功能：办公及配套
建筑面积：16 520 m²
设计 / 建成：2012/ 概念阶段
设计团队：祝晓峰、李启同、苏圣亮
业主：上海国际汽车城（集团）有限公司

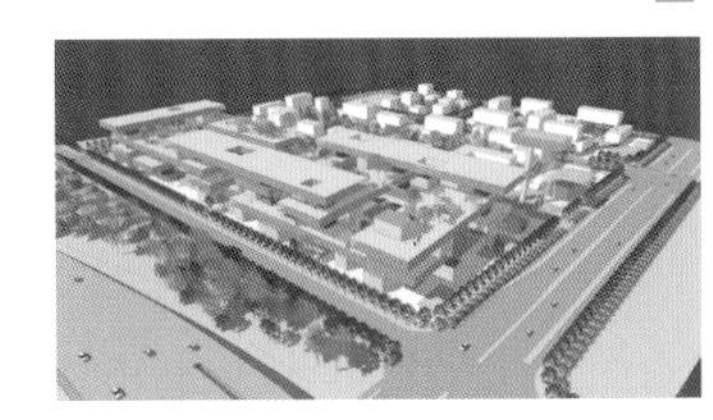

万科虹桥 11 号

项目地点：上海市闵行区
项目功能：住宅、商业、办公
建筑面积：177 600 m²
设计 / 建成时间：2012/ 概念阶段
设计团队：祝晓峰、丁鹏华、蔡勉
业主：上海万科

2012

苏州涵碧书院

项目地点：江苏省苏州市
项目功能：党校
建筑面积：35 280 m²
设计 / 建成：2012/2019
设计团队：祝晓峰、庄鑫嘉、李启同、蔡勉、梁山、江萌、
Pablo Gonzalez Riera、杜世刚、苏武顺、周延
业主：苏州市吴中区政府

上海谷歌创客活动中心

项目地点：上海市徐汇区
项目功能：展览、科技文化交流、茶室
建筑面积：730 m²
设计 / 建成时间：2012/2013
设计团队：祝晓峰、丁鹏华、蔡勉、杨宏
业主：华鑫置业
结构设计：绿地钢构

泰州济川东路光伏小区

项目地点：江苏省泰州市
项目功能：住宅
建筑面积：1004 m²
设计 / 建成：2012/ 方案阶段
设计团队：祝晓峰、庄鑫嘉、吴健、许曦文、
丁鹏华、江萌
业主：泰州晨兴置业有限公司、泰州晨讯置业有限公司

深圳坪山文化聚落

项目地点：广东省深圳市
项目功能：文化设施、书店
建筑面积：54 600 m²（地块一），54 880 m²（地块二）
设计 / 建成时间：2012/ 概念阶段
设计团队：祝晓峰、丁鹏华
业主：坪山区人民政府

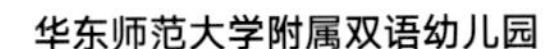

华东师范大学附属双语幼儿园

项目地点：上海市嘉定区
项目功能：15 班幼儿园
建筑面积：6600 m²
设计 / 建成时间：2012/2015
设计团队：祝晓峰、李启同、丁鹏华、杨宏、杜洁、石延安、
蔡勉、杜士刚、江萌、胡启明、郭瑛
业主：上海国际汽车城（集团）有限公司

重庆中航精品酒店

项目地点：重庆市
项目功能：酒店
建筑面积：8700 m²
设计 / 建成：2012/ 概念阶段
设计团队：祝晓峰、李启同、江萌、胡启明
业主：深圳市里城地产顾问有限公司

徐汇区绿谷艺术中心

项目地点：上海市徐汇区
项目功能：艺术展览、会议
建筑面积：4564 m²
设计 / 建成：2013/2017
设计团队：祝晓峰、庄鑫嘉、Pablo Gonzalez Riera、石圻、石延安、杜世刚、杜洁、杨韬辉
业主：上海万科

前滩友城公园景观配套建筑 5 号楼

项目地点：上海市浦东新区
项目功能：公共设施
建筑面积：3544 m²
设计 / 建成时间：2014/2015
项目团队：祝晓峰、庄鑫嘉、杨韬辉、苏武顺
业主：上海陆家嘴（集团）有限公司
结构顾问：张准 / 和作结构建筑研究所

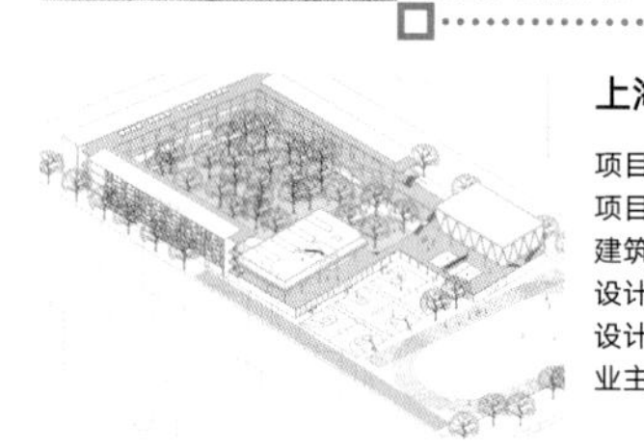

上海陆家堰地块九年一贯制学校

项目地点：上海市徐汇区
项目功能：学校
建筑面积：21 280 m²
设计 / 建成时间：2013/ 概念阶段
设计团队：祝晓峰、Pablo Gonzalez Riera
业主：徐汇区教育局

无锡阳山度假区

项目地点：江苏省无锡市
项目功能：度假公寓
建筑面积：7680 m²
设计 / 建成时间：2013/ 概念阶段
设计团队：祝晓峰、杜洁
业主：上海东方园林有限公司

格楼书屋

项目地点：上海市徐汇区滨江公园
项目功能：书店、咖啡屋
建筑面积：350 m²
设计 / 建成时间：2014/2016
设计团队：祝晓峰、李启同（项目经理）、梁山（项目建筑师）、张娉婷
业主：徐汇滨江开发投资建设有限公司

2013

2014

启东滨海城

项目地点：江苏省启东市
项目功能：酒店、商业、文化设施、会所
建筑面积：74 885 m²
设计 / 建成时间：2014/ 竞赛
设计团队：祝晓峰、李启同、石延安、苏武顺
业主：绿地集团

云锦路活动之家

项目地点：上海市徐汇区
项目功能：公共设施、餐饮
建筑面积：1115 m²
设计 / 建成：2014/2018
设计小组：祝晓峰、庄鑫嘉、江萌、Pablo Gonzalez Riera、石延安、杜士刚、盛泰
业主：徐汇滨江开发投资建设有限公司

松江绿地研究院

项目地点：上海市松江区
项目功能：学术机构
建筑面积：22 435 m²
设计 / 建成：2013/ 施工图阶段
设计团队：祝晓峰、庄鑫嘉、Pablo Gonzalez Riera、石圻
业主：绿地集团

海南博鳌大灵湖

项目地点：海南省琼海市
项目功能：旅游度假、酒店、会所、商业
建筑面积：7469 m²
设计 / 建成时间：2014/ 扩初阶段
设计团队：祝晓峰、李启同、Pablo Gonzalez Riera、江萌、梁山、杜洁、石延安、叶力舟、周延
业主：招商地产

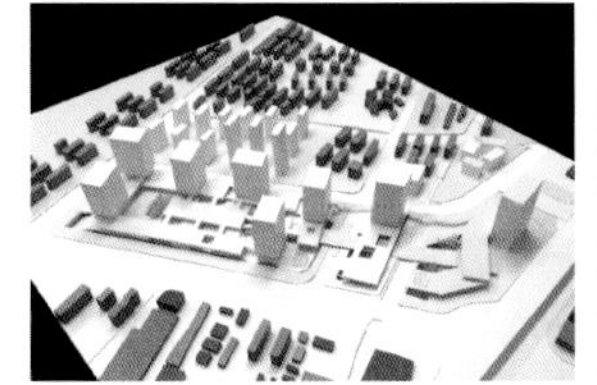

浦东三林上南路西地块城市设计

项目地点：上海市浦东新区
项目功能：办公、商业、酒店、住宅
基地面积：203 700 m²
建筑面积：547 000 m²
设计 / 建成时间：2015/ 概念阶段
设计团队：祝晓峰、庄鑫嘉、石圻、苏武顺、杨韬辉
业主：上海三林中房置业有限公司

川杨学社

项目地点：上海市浦东新区
项目功能：多功能科技文化交流中心
建筑面积：1709 m²
设计 / 建成：2016/ 在建
设计团队：祝晓峰、李启同、江萌、石延安、席宇、周延、王均元
业主：上海张江（集团）有限公司

张江高科张润大厦

项目地点：上海市浦东新区
建筑功能：办公
建筑面积：62 343 m²
设计 / 建成：2015/2019
设计团队：祝晓峰、庄鑫嘉、Pablo Gonzalez Riera、周延、盛泰、石圻、杜士刚、孟醒
业主：上海张润置业有限公司

水厂栈桥

项目地点： 上海市杨浦区
项目功能： 公共景观
设计 / 建成时间：2016/ 概念阶段
设计团队：祝晓峰、李启同、周延、叶力舟、石延安
业主：上海杨浦滨江投资开发有限公司

黄山市花溪宾馆

项目地点：安徽省黄山市
项目功能：旅游接待中心、商业、会议、酒店
建筑面积：32 730 m²
设计 / 建成时间：2015/ 竞赛
设计团队：祝晓峰、李启同、盛泰、周延、席宇、谢陶
业主：国寿不动产（黄山）投资管理有限公司

2015

2016

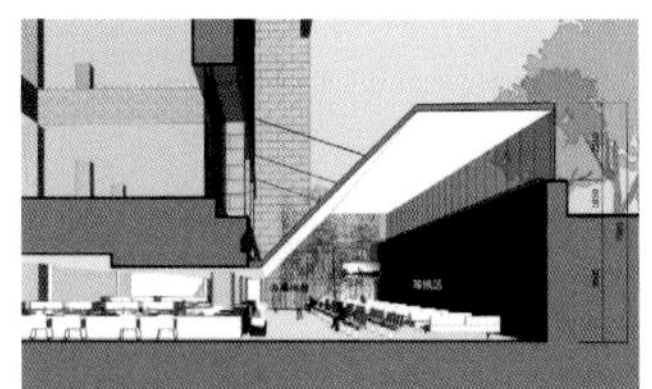

浦东市民中心加建项目

项目地点：上海市浦东新区
项目功能：公共服务
加建面积：952 m²
设计 / 建成时间：2015/2015
设计团队：祝晓峰、梁山
业主：浦东新区市民中心

浦东青少年活动中心及群众艺术馆

项目地点：上海市浦东新区
建筑功能：剧场、排练厅、展厅、科技、文化及艺术活动
建筑面积：87 109 m²
设计 / 建成：2016/2021
设计团队：祝晓峰、庄鑫嘉、江萌、Pablo Gonzalez Riera、梁山、杜洁、王均元、盛泰、席宇、石延安、周延、林晓生、沈紫薇、胡仙梅
业主：上海市浦东新区教育局

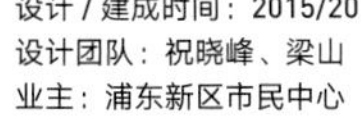

万科张江国际创新中心

项目地点：上海市浦东新区
项目功能：办公、商业、酒店、住宅
建筑面积：100 686 m²
设计 / 建成时间：2015/ 竞赛
设计团队：祝晓峰、庄鑫嘉、盛泰、吴舒瑞
业主：万科集团、张江高科技园区

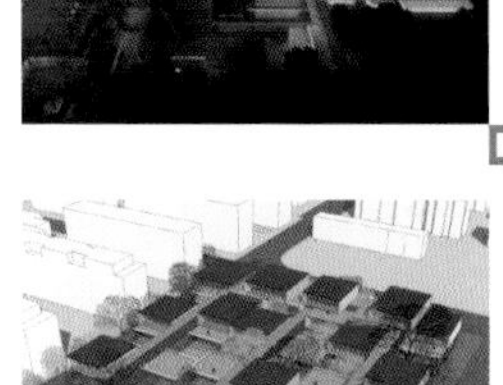

浦东临港芦潮港社区 C0513 地块配套幼儿园

项目地点：上海市浦东新区
项目功能：幼儿园
建筑面积：8484 m²
设计 / 建成时间：2016/ 概念阶段
设计团队：祝晓峰、李启同、梁山、石延安、周延
业主：上海浦东新区教育局

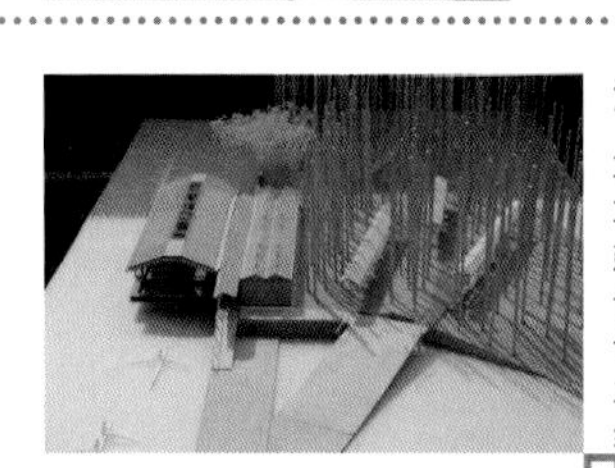

深潜赛艇俱乐部

项目地点：上海市浦东新区世纪公园
项目功能：青少年赛艇培训和交流活动
建筑面积：300 m²
设计 / 建成时间：2016/2017
设计团队：祝晓峰、李启同（项目经理）、杜洁（项目建筑师）、周延
业主：万科教育集团
结构顾问：张准 / 和作结构建筑研究所

浦东临港职工文化宫

项目地点：上海市浦东新区
项目功能：文化设施
建筑面积：33 340 m²
设计 / 建成时间：2015/ 竞赛第一名
设计团队：祝晓峰、李启同、Pablo Gonzalez Riera、杜洁、孟醒
业主：上海浦东新区总工会

东原千浔社区中心

项目地点：江苏省苏州市
项目功能：社区服务
建筑面积：2238 m²（地上），1089 m²（地下）
设计 / 建成时间：2016/2017
项目团队：祝晓峰、庄鑫嘉、盛泰、石圻、杜士刚、李成、付蓉、罗琪、肖載源、尚云鹏
业主：东原地产

华润塘桥销售中心

项目地点：上海市浦东新区
项目功能：销售中心
建筑面积：580 m²
设计 / 建成时间：2016/ 概念阶段
设计团队：祝晓峰、李启同、周延
业主：华润置地

上海科技大学附属学校新建项目

项目地点：上海市浦东新区
项目功能：幼儿园、小学、初中
建筑面积：76 423 m²
设计 / 建成时间：2016/ 扩初阶段
设计团队：祝晓峰、李启同、石圻、李成、周延、张国浩、张璇
业主：上海市浦东新区教育局

宝龙美术馆开幕展陈设计

项目地点：上海市闵行区
项目功能：当代书法及艺术展厅
展陈面积：800 m²
设计 / 建成时间：2017.09/2017.10
设计团队：祝晓峰、皮黎明
业主：宝龙集团

上海泰同栈慢行桥

项目地点：上海市浦东新区
建筑功能：慢行桥
桥长：180 m
设计 / 建成：2016 / 2017
设计团队：祝晓峰、李启同、江萌（驻场建筑师）、梁山、杜洁、周延、刘培彬
业主：上海东岸投资（集团）有限公司
结构顾问：张准 / 和作结构建筑研究所

2017

麦其里街区

项目地点：上海市徐汇区
项目功能：住宅、办公、公共文化设施
建筑面积：29 186 m²
设计 / 建成时间：2016/ 概念阶段
设计团队：祝晓峰、李启同、周延、李成、肖载源、苏振强、尚云鹏
业主：上海麦其房产发展有限公司

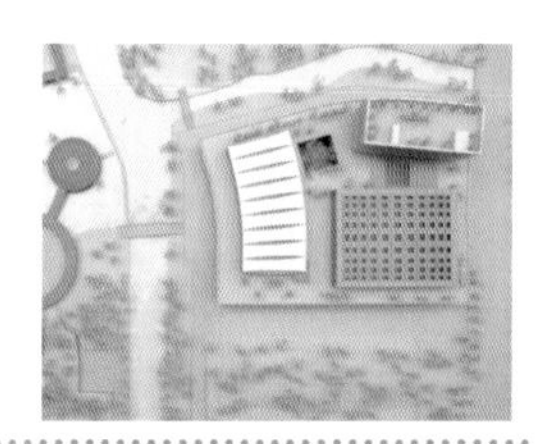

浦东城市规划和公共艺术中心

项目地点：上海市浦东新区
项目功能：展览、艺术中心
建筑面积：42 228 m²
设计 / 建成时间：2017/ 竞赛
设计团队：祝晓峰、庄鑫嘉、雷畅、何烨、陈天乐、叶晨辉、翁雯倩
业主：上海浦东新区规划管理局

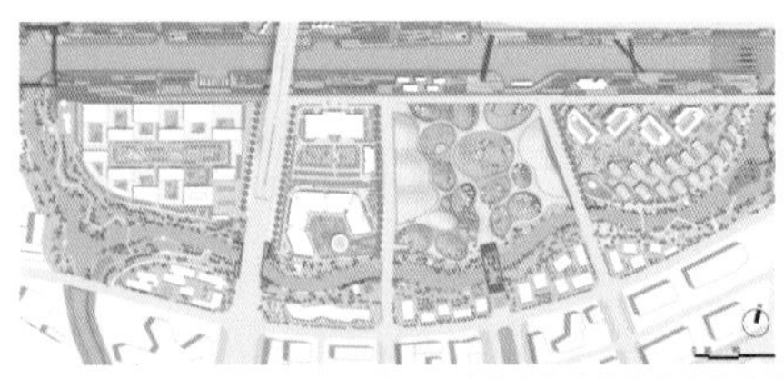

张江智慧岛城市设计

项目地点：上海市浦东新区
设计 / 建成时间：2016/ 概念阶段
设计团队：祝晓峰、李启同、江萌、杜洁、梁山、Pablo Gonzalez Riera、石圻、石延安、席宇、周延
业主：上海张江（集团）有限公司

张江中区 C-8-4 地块写字楼

项目地点：上海市浦东新区
项目功能：办公
建筑面积：61 206 m²
设计 / 建成时间：2017/ 概念阶段
设计团队：祝晓峰、李启同、李成
业主：珠玛星宇科技（上海）有限公司

华鑫天地金桥会所

项目地点：上海市浦东新区
项目功能：会所
建筑面积：2401 m²
设计 / 建成时间：2016/ 竞赛
设计团队：祝晓峰、庄鑫嘉、江萌
业主：华鑫置业

上海高安路一小华展校区

项目地点：上海市徐汇区
项目功能：小学
建筑面积：30 406 m²
设计 / 建成时间：2017/2020
设计团队：祝晓峰、李启同、周延、张璇、张国浩、胡仙梅、许林峰、
业主：上海市徐汇区教育局 / 上海徐汇城市更新工程咨询有限公司

深圳华润城屋顶农场

项目地点：广东省深圳市
项目功能：屋顶农场
建筑面积：538 m²
设计 / 建成时间：2018/ 施工图阶段
设计团队：祝晓峰、李启同、江萌、林晓生、宋晓月
业主：华润置地（深圳）有限公司
景观设计：Lab D+H 景观与城市设计实验室

上海少年儿童图书馆

项目地点：上海市长宁区
项目功能：图书馆
建筑面积：17 665 m²
设计 / 建成时间：2017/ 竞赛
设计团队：祝晓峰、庄鑫嘉、沈紫微、朱靖用、张宇、吕欣田、颜文正、刘培彬
业主：上海市文广局

奉贤新城书城

项目地点：上海市奉贤区
项目功能：书城
建筑面积：18121 m²
设计 / 建成时间：2018/ 概念阶段
设计团队：祝晓峰、李启同、周延、张璇、张驰、胡思媛
业主：上海奉贤南桥新城建设发展有限公司

西塘东区·八九间二期

项目地点：浙江省嘉兴市嘉善县
项目功能：商业
建筑面积：59 033 m²
设计 / 建成时间：2017/ 在建
设计团队：祝晓峰、庄鑫嘉、皮黎明、沈紫微、张驰、林晓生
业主：西塘智林文化发展有限公司

周庄镇全旺村改造及民居设计

项目地点：江苏省昆山市
项目功能：住宅、文化活动设施
建筑面积：5471 m²
设计 / 建成时间：2018/ 在建
设计团队：祝晓峰、李启同、周延、张璇
业主：昆山市规划局

2018

上海越剧艺术演艺传习中心

项目地点：上海市徐汇区
项目功能：演艺、教学中心
建筑面积：21 541m²
设计 / 建成时间：2017/ 竞赛
设计团队：祝晓峰、李启同、陈天乐、沈紫微、张胤娴、朱琪琪、冯岭盛
业主：上海越剧院

朱家角公共卫生间微改造

项目地点：上海市青浦区
项目功能：公共设施
建筑面积：35 m²
设计 / 建成时间：2018/ 在建
设计团队：祝晓峰、庄鑫嘉、张驰
业主：上海朱家角城建开发有限公司
合作设计院：上海开艺设计集团有限公司

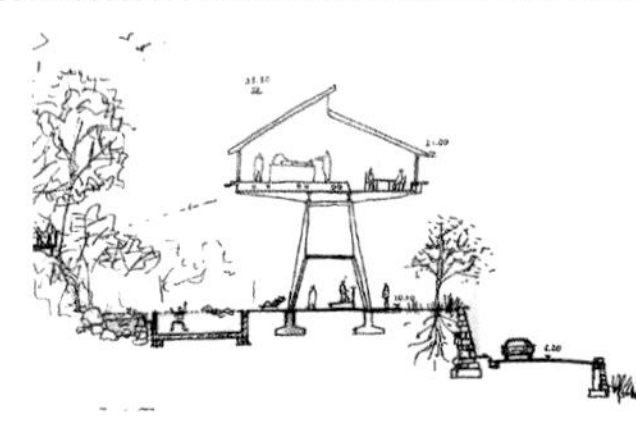

宁波万科东钱湖会所

项目地点：浙江省宁波市
项目功能：会所
建筑面积：1613 m²
设计 / 建成时间：2017/ 概念阶段，未建成
设计团队：祝晓峰、庄鑫嘉、周延、刘彤
业主：宁波万科

漕宝路幸福里

项目地点：上海市徐汇区
项目功能：商业、办公、展览
建筑面积：20 810 m²
设计 / 建成时间：2017/ 竞赛
设计团队：祝晓峰、庄鑫嘉、皮黎明、张国浩、刘培彬、吕海涵、朱琪琪
业主：上海幸福里文化创意产业发展有限公司

蟠龙天地美术馆

项目地点：上海市青浦区
项目功能：艺术馆
建筑面积：875 m²（地上），987 m²（地下）
设计 / 建成时间：2018/ 在建
设计团队：祝晓峰、李启同、皮黎明、俞裕林、李轩
业主：上海蟠龙天地有限公司
合作设计院：华东建筑设计研究院有限公司

朱家角漕平路桥

项目地点：上海市青浦区
项目功能：桥梁
桥长：162 m
桥面面积：3240 m²
设计 / 建成时间：2017/ 竞赛
设计团队：祝晓峰、李启同、张弛
业主：上海朱家角城建开发有限公司

蟠龙天地体育馆

项目地点：上海市青浦区
项目功能：体育馆
建筑面积：1151 m²（地上），218 m²（地下）
设计 / 建成时间：2018/ 在建
设计团队：祝晓峰、李启同、皮黎明、沈紫微、俞裕林、李轩
业主：上海蟠龙天地有限公司

慈心大自然庄园

项目地点：中国台湾云林县
项目功能：有机农场公共服务设施
建筑面积：2925 m²
设计 / 建成时间：2018/ 概念阶段
设计团队：祝晓峰、庄鑫嘉、戚傲飞
业主：中国台湾慈心有机农业发展基金会

青浦莲湖村村民活动中心及老年日间照料中心

项目地点：上海市青浦区
项目功能：活动中心、老年日间照料中心
建筑面积：5163 m²
设计 / 建成时间：2018/ 概念阶段
设计团队：祝晓峰、庄鑫嘉、张璇、许林峰
业主：上海市青浦区金泽镇人民政府

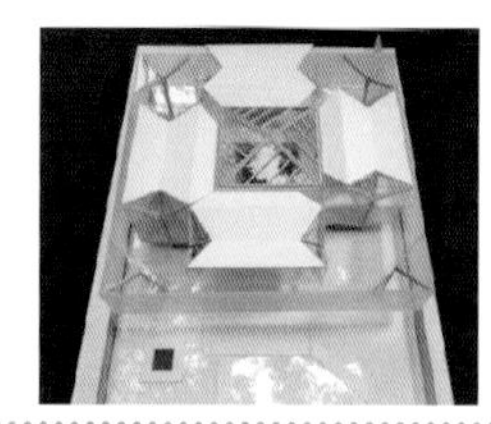

奉贤农艺公园创新企业总部

项目地点：上海市奉贤区
项目功能：企业总部、文创工作室
建筑面积：500 m²
设计 / 建成时间：2018/ 在建
设计团队：祝晓峰、庄鑫嘉、丁鹏华
业主：上海市奉贤区庄行镇渔沥村

浦东旗杆村顾氏老宅修复及改造

项目地点：上海市浦东新区
项目功能：住宅、名人故居、社区活动、工作室等
更新规模：老宅二十八间
设计 / 建成时间：2019/ 概念阶段
设计团队：祝晓峰、庄鑫嘉、杜洁、陈天乐、王均元、林晓生、Filippa Wang、张菡
业主：浦东新区周浦镇

2019

D2 街坊飞乐厂城市更新

项目地点：上海市长宁区
项目功能：文化办公、展览、社区服务
建筑面积：15 356 m²
设计 / 建成时间：2018/ 概念阶段
设计团队：祝晓峰、李启同
业主：上海墨格投资有限公司

包玉刚学校体育综合楼

项目地点：上海市长宁区
项目功能：游泳池、室内活动场地、多功能篮球馆、各类专业教室、图书馆、办公、屋顶运动场
建筑面积：8055 m²
设计 / 建成时间：2019/ 施工图阶段，未建成
设计团队：祝晓峰、庄鑫嘉、江萌、王均元、沈紫薇、林晓生
业主：包玉刚实验学校、长宁区教育局

老港镇集中居住村落

项目地点：上海市浦东新区
项目功能：住宅、社区服务设施
建筑面积：47 340 m²
设计 / 建成时间：2019/ 概念阶段
设计团队：祝晓峰、庄鑫嘉、江萌、沈紫微、贺文兴、张天宇、王铭震、周言
业主： 浦东新区规划和自然资源局

南京园博会园博村

项目地点：江苏省南京市
项目功能：民宿、休闲娱乐
建筑面积：3073 m²
设计 / 建成时间：2018/ 方案阶段
设计团队：祝晓峰、李启同、周延、张璇、王均元、陶柯宇、胡思媛
业主：江苏园博园建设开发有限公司

钦州路花鸟市场

项目地点：上海市徐汇区
项目功能：花鸟市场、创意工作室
建筑面积：12 000 m²
设计 / 建成时间：2019/ 概念阶段，未建成
设计团队：祝晓峰、李启同、朱小叶、陈霞霏
业主：徐汇园林发展有限公司

九华山下接待中心及书店等

项目地点：安徽省池州市
项目功能：接待中心、书店、儿童课堂、茶馆
建筑面积：4000 m²
设计 / 建成时间：2021/ 概念阶段，未建成
设计团队：祝晓峰、李启同、周延、陈宣湘、耿瑀桐、孙嘉浓、林颖
业主：安徽翠鸣山谷旅游开发有限公司

农业银行苏州档案馆

项目地点：江苏省昆山市
项目功能：档案馆
建筑面积：24 226 m²
设计 / 建成时间：2020/ 概念阶段，未建成
设计团队：祝晓峰、李启同、张璇、王铭震
业主：中国农业银行

湖南路别墅改造

项目地点：上海市徐汇区
项目功能：办公
建筑面积：297 m²
设计 / 建成时间：2020/ 概念阶段，未建成
设计团队：祝晓峰、庄鑫嘉、周延、宋奕璇、孙嘉浓、李晶
业主：江苏天顺控股有限公司

2020

2021

嘉兴三塔驿站

项目地点：浙江省嘉兴市
项目功能：休憩、茶馆、卫生间、配电间
建筑面积：580 m²
设计 / 建成时间：2020/ 概念阶段，未建成
设计团队：祝晓峰、李启同、江萌、蒋再捷
业主：上嘉集团

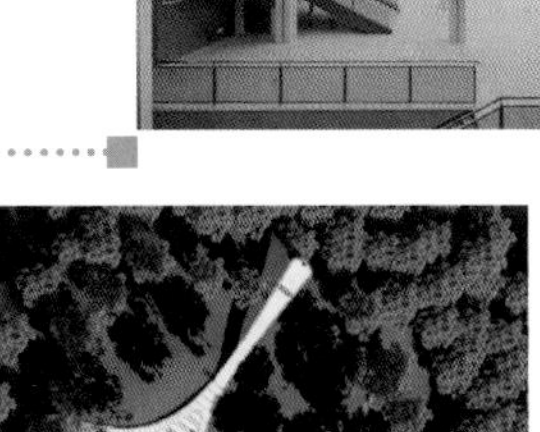

蝴蝶湾绿地配套建筑

项目地点：上海市静安区
项目功能：景观廊、卫生间、配电室
建筑面积：160 m²
设计 / 建成时间：2020/ 概念阶段，未建成
设计团队：祝晓峰、李启同、宋弈璇、孙嘉浓
业主：静安区建管委

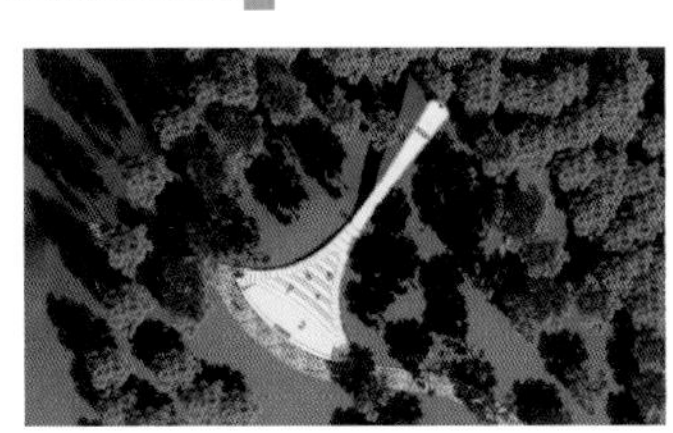

深圳金沙湾景观亭

项目地点：深圳
项目功能：休憩
建筑面积：250 m²
设计 / 建成时间：2021/ 概念阶段，未建成
设计团队：祝晓峰、李启同、陈宣湘、耿瑀桐、孙嘉浓
业主：佳兆业集团控股有限公司

字节跳动成都办公楼

项目地点：四川省成都市
项目功能：办公
建筑面积：109 275 m²
设计 / 建成时间：2020/ 概念设计，未建成
设计团队：祝晓峰、李启同、朱小叶、宋弈璇、耿瑀桐、陈宣湘、孙颖
业主：北京字节跳动科技有限公司

深圳音乐学院

项目地点：深圳市
项目功能：音乐厅、教学用房、宿舍
建筑面积：129 722 m²
设计 / 建成时间：2020/ 概念设计，未建成
设计团队：祝晓峰、李启同、朱小叶
合作团队：Höweler + Yoon Architecture、LLP
业主：深圳市建筑工务署工程设计管理中心

苏州河隆德路人行桥

项目地点：上海普陀区
项目功能：桥
建筑面积：1260 m²
设计 / 建成时间：2021/ 概念阶段，未建成
设计团队：祝晓峰、李启同、皮黎明、宋弈璇、苏凯强、耿瑀桐、火彦龙
业主：普陀区市政水务工程建设中心

山水秀建筑事务所

山水秀建筑事务所 2004 年创办于中国上海，一直致力于从身心、自然和社会的需求出发，通过时空和建构互成的本体秩序，在三者之间建立平衡而又充满生机的关联。在近期实践中，我们着重挖掘建构形制与聚落空间在现代生活中的潜力，在中国传统和未来之间为当代建筑寻找一种新的定义。

山水秀的建筑作品受到国内外媒体的广泛关注和报导，近年来参加的主要展览有：威尼斯建筑双年展、2019 深圳坪山美术馆" 未知城市 "建筑装置影像展、2018 年威尼斯建筑双年展、米兰三年展、东京 " 欧亚建筑新潮流 " 展、深圳 · 香港城市 \ 建筑双城双年展、2017 年上海城市空间艺术季展览、荷兰建筑学研究院（NAI）中国当代建筑展、伦敦维多利亚 / 阿尔波特博物馆（V&A）创意中国展、法国建筑与文化遗产博物馆中国当代建筑展、比利时建筑文化研究中心（CIVA）建筑乌托邦展、哈佛 GSD60 位当代中国建筑师展览，Aedes 再兴土木——15 位中国建筑师展、维也纳当代东亚建筑与空间实践展、中国设计大展、上海西岸双年展、成都双年展等。

山水秀作品获得国内外众多奖项，其中包括 Architizer A+ 建筑奖、Archdaily 年度中国建筑大奖、WA 中国建筑奖、远东建筑奖、中国建筑奖、UED 中国博物馆建筑设计优胜奖、上海市建筑学会建筑创作奖优秀奖等。

祝晓峰

山水秀建筑事务所主持建筑师
同济大学建筑与城市规划学院客座教授兼设计导师
中国建筑学会建筑文化学术委员会委员
英国皇家建筑师学会会员
上海建筑学会建筑创作学术部委员

实践

2004— **山水秀建筑设计顾问有限公司**，上海
创办人，设计总监

1999—2004 **KPF 建筑事务所**，纽约
助理总监

1994—1997 **深圳大学建筑设计研究院**，深圳
助理工程师

学历

2012—2020 **同济大学**
建筑学博士

1997—1999 **哈佛大学**
建筑学硕士

1989—1994 **深圳大学**
建筑学学士

教学

2019— **同济大学建筑与城市规划学院**
设计导师

2019— **上海理工大学**
艺术设计联合培养单位硕士生导师

2012—2016 **同济大学建筑与城市规划学院**
客座教授，实验班设计工作室导师

2013 **香港大学建筑系**
上海中心客座导师

2004 **深圳大学建筑学院**
本科四年级主题设计工作室导师

1998—1999 **波士顿建筑学中心**
A-1 Studio 设计研究室导师

1996—1997 **深圳大学建筑学院**
本科一年级设计课导师

荣誉

2020

Architizer A+ Awards 建筑奖
混凝土建筑类入围奖：东原千浔社区中心

江苏省第十九届优秀工程设计奖
二等奖：东原千浔社区中心

2020 长三角公共文化空间创新设计大赛
百佳公共文化空间奖公共阅读空间：格楼书屋

2020 长三角公共文化空间创新设计大赛
百佳公共文化空间奖基层文化空间：东原千浔社区中心

2020 长三角公共文化空间创新设计大赛
百佳公共文化空间奖文博艺术空间：朱家角人文艺术馆

2020 长三角公共文化空间创新设计大赛
百佳公共文化空间奖跨界文化空间：云锦路活动之家

2020 园冶奖
建筑银奖：张润大厦

IDA 2020
铜奖：云锦路活动之家

IDA 2020
铜奖：东原千浔社区中心

2019

中国建筑奖 WAACA2019 WA 设计实验奖
入围作品：深潜赛艇俱乐部

2018

Archdaily 2018 年度中国建筑大奖
季军：东原千浔社区中心

2017

上海市建筑学会第七届建筑创作奖
优秀奖：华东师范大学附属双语幼儿园

IEED 国际生态设计奖
最佳生态建筑设计奖：华鑫展示中心

2016

中国建筑奖 WAACA2016 WA 设计实验奖
入围奖：华东师范大学附属双语幼儿园

2015

上海市建筑学会第六届建筑创作奖
佳作奖：南京紫金（新港）科技创业特别社区启动区 A/C 地块项目

2014

Architizer A+Awards 评委会奖
世界最佳低层办公建筑：华鑫展示中心

第八届远东建筑奖
佳作奖：华鑫展示中心

Architizer A+ Awards 建筑奖
博物馆类入围奖：朱家角人文艺术馆

中国建筑奖 WAACA2014 WA 技术进步奖
佳作奖：华鑫展示中心

中国建筑奖 WAACA2014 WA 设计实验奖
入围作品：华鑫展示中心

2013 **2013 年度上海市优秀工程勘察设计奖**
二等奖：朱家角人文艺术馆

2012 **第三届中国建筑传媒奖**
青年建筑师奖入围奖：祝晓峰

中国建筑奖 WAACA2012
入围作品：朱家角人文艺术馆

2011 **2011UED 博物馆建筑设计奖**
优胜奖：朱家角人文艺术馆

2008 **Perspective 40 under 40**
亚洲 40 位 40 岁以下的新锐设计师：祝晓峰

1999 **广东省优秀工程设计**
二等奖：深圳大学学生活动中心

展览

2021 “走向新校园：融入社区的学校暨 8+1 建筑联展上海展”，
高安路第一小学华展校区及华师大附属双语幼儿园，上海

2019 “未知城市”，云集城市，深圳
坪山美术馆展览，东原千浔社区中心等，深圳

2018 “第三届中国设计大展”，深潜赛艇俱乐部，深圳
万科建筑艺术展，深潜赛艇俱乐部，苏州
“威尼斯双年展”，摩天楼公园，威尼斯

2017 “上海城市空间艺术季展览”，上海谷歌创客活动中心（华鑫展示中心），上海
“库里奇巴国际艺术双年展”，华东师范大学附属双语幼儿园等，库里奇巴州
“山水秀 - 格物结界”，格楼书屋和山水秀近期作品，上海
“2017 上海城市空间艺术季特展”，浦东新区青少年活动中心及群众艺术馆，上海

2016 “走向批判的实用主义：当代中国建筑”，上海谷歌创客活动中心（华鑫展示中心），
哈佛设计学院，波士顿
“Aedes 再兴土木——15 位中国建筑师展”，柏林
“第二届中国设计大展”，上海谷歌创客活动中心（华鑫展示中心），深圳

2015 “上海城市空间艺术季：华鑫城市再生实践展”，策展人之一，华鑫展示中心，上海
“北京国际设计周：10 × 100——UED 十年百名建筑师展”，华鑫展示中心，北京
“建筑中国 1000（2000—2015）展览”，格楼书屋等，北京
“上海西岸双年展：城市更新”，胜利街居委会及老年人日托站，徐汇滨江，上海

2014 “Adaptation：Architecture and Change in China”
威尼斯建筑双年展外围展，华鑫展示中心，威尼斯

2013 “西岸建筑与当代艺术双年展”，上海谷歌创客活动中心（华鑫展示中心）等，上海
深圳双年展，上海谷歌创客活动中心（华鑫展示中心）等，深圳
“祝晓峰作品展”，深圳大学建筑与城市规划学院，深圳
上海当代艺术馆展览，大裕村艺术家村等，上海
“Eastern Promises – Contemporary Architecture and Spatial Practice in East Asia”，
金陶村村民活动室，MAK 博物馆，维也纳

2012 “第一届中国设计大展”，朱家角人文艺术馆，金陶村村民活动室，深圳
“米兰三年展”：从研究到实践，朱家角人文艺术馆，米兰
“深圳 · 香港城市 \ 建筑双城双年展”，新的公共性——东来书店，香港

2011 “成都双年展”：“物我之境”建筑展，空中多层公寓——献给未来的住宅原型，成都

2010 “威尼斯建筑双年展”，中国馆建筑展：朱家角人文艺术馆，威尼斯
“更新中国”，证大美术馆，上海

2009 “深圳 · 香港城市 \ 建筑双城双年展”，文学想象与建筑体验，深圳
“不自然 Un-natural”，假云，北京当代艺术中心，北京
“My Moleskine 2009”，建筑师草图本，上海

2008 “2008—2010 欧亚建筑新潮流展”，15 位欧亚新晋建筑师之一，东京，里斯本，
巴塞罗那等（策展人：伊东丰雄 +Peter Cook）
“创意中国展”，伦敦维多利亚 / 阿尔波特博物馆（V&A），伦敦
“建筑乌托邦展”，青松外苑等，比利时建筑文化研究中心（CIVA），布鲁塞尔

2007 “深圳 · 香港城市 \ 建筑双城双年展”，社会主义新工房，深圳
“40 under 40 中国青年建筑师展”，上海
“大声展”，乐高项目，上海、北京、广州

2006 “中国当代建筑展”，荷兰建筑研究院（NAI），鹿特丹
“黄盒子 · 青浦：中国空间里的当代艺术”，青浦小西门，上海

讲座

2019 同济大学建筑学前言“（手）工艺”系列讲座：
“形制的新生：陈其宽在东海大学的建筑探索”，上海
AIA 国际地区 2019 大会：“形制的新生：山水秀作品选”
哈佛智慧中国实践：“脉络与更新——山水秀十五年”，上海图书馆

2018 香港大学建筑学院：“聚落与形制的新生：建筑对于当下的回应”，香港
中瑞建筑对话：“山水秀的近期作品”，上海
“迁移：包豪斯在亚洲”研讨会：“形制的新生：陈其宽在东海大学的建筑探索”，
中国国际设计博物馆，中国美术学院，杭州
同济大学国际博士项目论坛：“本体的回应”，上海
第二十五届当代中国建筑创作论坛：“回音”，苏州
深圳大学 35 周年校庆：“回音：聚落与形制的新生”，深圳

2017 西交利物浦大学建筑学院：“本体的回应”，苏州
上海空间艺术季城市空间论坛：“浦东青少年活动中心及群众艺术馆”
东原千浔：“东原千浔社区中心”，苏州
格楼书屋开幕演讲：“演化”，上海

2016 哈佛大学设计学院，中国当代建筑论坛：“对本体的回应”
烟台大学：“建筑作为人的延伸”，烟台
同济大学：“建筑作为人的延伸”，上海
香港大学上海中心：“山水秀的近期作品”，上海

2015 中央美术学院建筑学院：“建筑作为人的延伸”，北京
上海交通大学建筑学院：“延伸中的建筑”，上海
旮旯：“形制的新生：陈其宽在东海大学的建筑探索”，上海
中意建筑学术论坛：“建筑与自然共生”，佛罗伦萨

2014 南京大学建筑与城市规划学院：“与自然合作”，南京
Architect @ Work 工作中的建筑师：“与自然合作”，上海
意大利佛罗伦萨大学建筑研究中心：“Architecture as Medium”，佛罗伦萨

2013 香港大学上海中心“下一个十年”系列讲座“Suture Quality with Density”，上海
同济大学建筑与城市规划学院：“从概念到施工”，上海
Area 论坛：“场所：时间，空间与物质”，上海
深圳大学建筑与城市规划学院：“与自然合作”，深圳

2012 外滩美术馆，当代中国博物馆设计讲座：“朱家角人文艺术馆”，上海
上海新国际博览中心，建筑纪元 Architect @ Work 讲座：“建筑为什么而创新”
上海当代艺术馆讲座：“建筑的使命”，上海

2011 Qi 论坛，Designing Asia：“A New Housing Typology for Future”，新加坡
同济大学建筑与城市规划学院中德研究生班讲座：“建筑：人与环境之间的媒介”，上海

2010 哈尔滨工业大学建筑学院：世界建筑三十周年系列讲座“风景的重构”，哈尔滨

Snowball 赫尔辛基上海 2010，芬兰与中国当代建筑研讨会：“山水秀作品 2004—2009”，上海

2009 同济大学建筑与城市规划学院中德研究生班讲座：“为当代中国而实践”，上海

2008 “欧亚建筑新潮流”建筑展讲座：“Scenic Architecture”，东京

“ArchiTopia”建筑展讲座：“Recent Works”，布鲁塞尔

2007 万科环境与艺术委员会讲座：“三样风景”，杭州

发表

书籍

2021 CHRIS VAN UFFELEN. *China - The New Creative Power in Architecture* [M]. Braun Publishing AG, 2021.

2020 FRAMPTON KENNETH. *Modern Architecture, A Critical History (5th Edition)* [M]. London: Thames & Hudson, 2020.

2019 THOMAS HELEN. *Drawing Architecture* [M]. Phaidon, 2018.

江立敏、刘灵等 . 新时代基础教育建筑设计导则 [M]. 北京：中国建筑工业出版社 ,2019.

2018 李翔宁 . 走向批判的实用主义——当代中国建筑 [M]. 广西：广西师范大学出版社，2018.

冯琼、刘津瑞 . 上海新建筑 [M]. 广西：广西师范大学出版社，2018.

2017 祝晓峰 . *Common and Timeless Spaces* [M] //H. Koon Wee. *The Social Imperative——Architecture and the City in China*（社会当务之急：中国的建筑与城市）. 台北：Actar, 2017.

顾勇新，周小捷 . 意匠创作——当代中国建筑师访谈录 [M]. 北京：中国建筑工业出版社，2017.

2015 群岛工作室 . 建筑七人对谈集 [M]. 上海：同济大学出版社，2015.

JACKSON PAUL. *Complete Pleats: Pleating Techniques for Fashion, Architecture and Design* [M]. London: Laurence King Publishing, 2015.

祝晓峰 . 本源与演化 [M]// 史建 . 新观察：建筑评论文集 . 上海：同济大学出版社，2015.

2014 阮庆岳 . 下一个天际线：当代华人建筑考 [M]. 北京：电子工业出版社，2014.

2013 支文军，戴春，徐洁 . 中国当代建筑 2008-2012 [M]. 上海：同济大学出版社，2013.

2011 DELSANTE IOANNI. *Experimental Architecture in Shanghai* [M]. Rome: Officina edizioni, 2011.

设计家 . 中国新文化空间设计 [M]. 天津：天津大学出版社，2011.

2010 唐克扬 . 来此与中国约会：第十二届威尼斯建筑双年展中国馆 [M]. 北京：新星出版社，2010.

欧宁 . 漫游：建筑体验与文学想象 [M]. 北京：中国青年出版社，2010.

葛丽丽，韩佳纹，伦济昀 . *Cases of Avant-Grade Architecture—Transition from Material to Non-Material* [M]. 北京：新星出版社，2010.

2009 郑时龄 . 新中国新建筑六十年 60 人 [M]. 江西：江西科学技术出版社，2009.

孙田，卜冰 . " 不自然 " UN-NATURAL [M]. 北京：北京天安时间当代艺术出版社，2009.

徐洁，支文军 . 建筑中国——当代中国建筑设计机构 48 强及其作品 (2006-2008) [M]. 沈阳：辽宁科学技术出版，2009.

2008 Editors of Phaidon Press. *The Phaidon Atlas of 21st Century World Architecture* [M]. Phaidon Press, 2008.

2006 JODIO PHILIP. *Architecture in China* [M]. Taschen, 2006.

于冰 . Domus+78 中国建筑师 / 设计师 [M]. 中国建筑工业出版社，2006.

徐洁，支文军 . 建筑中国：当代中国建筑师事务所 40 强 [M]. 辽宁科技出版社，2006.

期刊

2021 祝晓峰 . 城市更新中的形制驱动——跑道公园里的活动之家 [J]. 当代建筑，2021(4): 50-54.

2020 祝晓峰 . 秩序的启迪——上海高安路第一小学华展校区的育人空间 [J]. 建筑学报，2020(12): 28-37.

Scenic Architecture Office. Expo Village [J]. Architecture China 2020 Winter Edition: 102-107.

2019 祝晓峰，江萌 . 家的延伸——云锦路活动之家的设计构思 [J]. 时代建筑，2019(6): 80-89.

山水秀建筑事务所 . Community Centre in Suzhou [J]. Detail, 2019(7/8): 42-47.

青锋，祝晓峰 . 聚落的新生——山水秀主持建筑师祝晓峰访谈 [J]. 建筑师，2019(4): 114-121.

山水秀建筑事务所 . 深潜赛艇俱乐部 [J]. 建筑学报，2019(01): 80.

杜洁 . 自然之间：深潜赛艇俱乐部 [J]. 建筑学报，2019(01): 80-87.

祝晓峰，杜洁，周延 . 深潜赛艇俱乐部 [J]. 世界建筑，2019(01): 70.

2018 叶静贤 . 预制建造中的自然关怀：上海世纪公园深潜赛艇俱乐部 [J]. 时代建筑，2018(6): 86-91

祝晓峰 . 园林与建筑 [J]. 时代建筑，2010(4): 51.

2017 祝晓峰 . 原型的角色——关于格楼书屋设计 [J]. 建筑学报，2017(10): P82-89.

祝晓峰，梁山 . 格楼书屋 [J]. 时代建筑，2017(4): 134-139

戴春 . 场所光阴：东原·千浔社区中心访山水秀建筑设计事务所主持建筑师祝晓峰 [J]. 建筑学报，2017(10): 82.

2016 张斌，祝晓峰，陈屹峰，柳亦春 . 限制与突围：学校幼儿园设计四人谈 [J]. 建筑学报，2016(4): 96-103.

祝晓峰 . 蜂巢里的童年——上海华东师范大学附属双语幼儿园 [J]. 时代建筑，2016(3): 90-97.

2015 祝晓峰 . 朱家角胜利街居委会和老年人日托站 [J]. 世界建筑，2015(11): 50-55.
祝晓峰 . 华鑫中心：悬浮在空中的茶院 [J]. 诠释，2015(11).
祝晓峰 . 形制的新生：陈其宽在东海大学的建筑探索 [J]. 建筑学报，2015(1): 74-81.
罗时玮，祝晓峰 . 对谈：关于东海大学的早期建筑 [J]. 建筑学报 , 2015(1): 82-83.

2014 祝晓峰 . Huaxin Business Center [J]. Area（西班牙），2014(10).
龚维敏 . “在地”的建筑——关于祝晓峰及其作品 [J]. 世界建筑导报，2014(01).
祝晓峰 . 以积极之心演绎山水意 [J]. Pro.Design, 2014(03).
祝晓峰 . 本源与演化 [J]. 世界建筑导报 , 2014(1): 7-11.

2013 祝晓峰 . 永恒的建筑——祝晓峰访谈录 [J]. 室内设计与装修，2013(12): 99-101.
祝晓峰 . 自然之道——上海华鑫展示中心 [J]. 室内设计与装修，2013(12): 102-107.
小麦 . 风景里的风景：朱家角人文艺术馆 [J]. 室内设计与装修，2013(12): 108-113.
山水秀建筑事务所 . 华鑫展示中心 [J]. 城市·环境·设计，2013(12): 216-223.
郭屹民，祝晓峰 . 游走在抽象与具象之间——关于华鑫展示中心结构与空间的对谈 [J]. 建筑学报，2013(11): 42-53.
曾曾 . 与自然对话 [J]. 建筑 & 艺术，2013(11).
祝晓峰 . 上海华鑫展示中心 [J]. 第一印象，2013(11).
祝晓峰 . 与树共生 [J]. 居，2013(11).
祝晓峰 . 与大自然的对话 [J]. 中国环境艺术设计，2013(10).
山水秀建筑事务所 . 上海华鑫展示中心 [J]. 城市建筑，2013(23): 70-77.
祝晓峰，葛丽丽 . 与自然合作——华鑫艺廊的建筑理念 [J]. 缤纷，2013(09).
祝晓峰 . 华鑫艺廊 [J]. Detail 建筑细部，2013(09).
祝晓峰 . 金陶村村民活动室 [J]. La Vie, 2013(03).
祝晓峰 . 游“园”- 东来书店 [J]. 缤纷，2013 年 (03): 112-115.
祝晓峰 . 嘉定紫气东来公园的公共建筑 [J]. 设计新潮，2013(02).
祝晓峰 . 金陶村村民活动室 [J]. 建筑学报，2013(1): 60-67.

2012 祝晓峰，IWAN BAAN. 朱家角人文艺术馆 , 上海 , 中国 [J]. 世界建筑，2012(12): 78-81.
山水秀建筑事务所 . 山水秀作品专辑 [J]. 新建筑，2012(6).
山水秀建筑事务所 . 胜利街居委会和老年人日托站 [J]. 城市·环境·设计，2012(8): 238-244.
祝晓峰 . 金陶村村民活动室 [J]. 建筑 & 艺术，2012(11).
祝晓峰 . 东来书店 [J]. 里外 IN OUT，2012(06)
董萱 . 紫气东来 [J]. 建筑 & 艺术 a+a，2012(06)
祝晓峰 . 朱家角人文艺术馆 [J]. 时尚家居，2012(06).
李涤非 . 斜墙剪影 [J]. 设计生活，2012(04).
董萱 . 变奏 节奏——跳跃的音符 [J]. 建筑 & 艺术，2012(04).
祝晓峰 . 上海朱家角人文艺术馆 [J]. 城市建筑，2012(7): 74-80.
祝晓峰 . 东来书店 [J]. 城市建筑，2012(7).
张游 . 三叉河口的新故事 [J]. 建筑 & 艺术，2012(03).
李威 . 思无止 [J]. 室内设计师，2012(03).
祝晓峰 . 东来书店 [J]. 居住，2012(02).
祝晓峰 . 万科假日风景社区中心 [J]. 建筑知识，2012(02).

2012 张斗 . 林中的舞蹈：上海嘉定新城紫气东来公园设计回顾 [J]. 时代建筑，2012(1): 52-57.

柳亦春，陈屹峰，祝晓峰 . 抽象的城市图景 [J]. Domus 国际中文版，2012(08).

祝晓峰 . 建筑：人与环境之间的媒介——山水秀的 5 件作品 [J]. 时代建筑，2012(1): 62-67.

2011 李征 . 人与古树的约会—朱家角人文艺术馆 [J]. 室内设计，2011(10).

祝晓峰 . Zhujiajiao Museum of Humanities & Arts [J]. SPACE（韩国），2011(08).

祝晓峰，LILI，IWAN BAAN. 朱家角古镇的新坐标 [J]. 缤纷，2011(06): 94-97.

李涤非 . 新农村的活动室 [J]. 设计生活，2011(06).

祝晓峰 等 . 朱家角人文艺术馆品谈纪实 [J]. 城市·环境·设计，2011(5): 276-281.

茹雷 . 画框里的奇观：朱家角人文艺术馆 [J]. DOMUS 国际中文版，2011(05).

宋杨 . 空间的弹性语言：金陶村村民活动室 [J]. MARK 国际中文版，2011(03).

戴春 . 嵌入：山水秀设计的上海青浦朱家角人文艺术馆 [J]. 时代建筑，2011(1): 96-103.

祝晓峰 . 空中多层公寓：献给未来新城的住宅原型 [J]. 时代建筑，2011(5): 80-81.

2010 祝晓峰 . 朱家角人文艺术馆 [J]. 室内设计师，2010(12).

祝晓峰 . 连岛大沙湾海滨浴场 [J]. 室内设计师，2010(08).

祝晓峰 . 风景的重构——江苏连云港大沙湾海滨浴场 [J]. 时代建筑，2010(2): 88-93.

宋宝麟 . 古镇中的新建筑——朱家角人文艺术馆 [J]. 设计新潮，2010(02).

戴春 . 嵌入——山水秀设计的上海青浦朱家角人文艺术馆 [J]. 时代建筑，2010(1): 96-103.

2008 阮庆岳 . 中国建筑风火轮：城市自有山水秀 [J]. 家饰，2008(10).

庄慎 . 协奏与变奏——山水秀设计的上海万科假日风景社区中心评述 [J]. 时代建筑，2008(2): 88-93.

2007 祝晓峰 . 苏州博物馆——园林新意和纪念性的二重奏 [J]. 世界建筑，2007(4): 118.

祝晓峰 . 取与舍：对夏雨幼儿园建筑构思的评论 [J]. 世界建筑，2007(2): 35-37.

2006 祝晓峰 . “适可而止——集合设计在浙大网新科技园上的设计策略” [J]. 时代建筑，2006(3): 108-113.

2005 刘宇扬 . 熟悉与不熟悉的景致——谈祝晓峰与他的建筑作品 [J]. 时代建筑，2005(6): 42-49.

2003 祝晓峰 . 选择的逻辑——纽约现代艺术博物馆（MOMA）的扩建 [J]. 世界建筑，2003(5): 94-97.

1998 祝晓峰 . 深圳大学学生活动中心 [J]. 建筑学报，1998(2): 31-34.

团队成员

在职成员

祝晓峰	李启同	庄鑫嘉	江萌	周延	皮黎明	张璇	贺蓓斐
朱小叶	沈紫微	王均元	张驰	林晓生	宋奕璇	苏凯强	陈宣湘
边素琪	刘雨浓	耿瑀桐	孙嘉浓				

过往成员

许磊	蔡江思	丁鹏华	杜洁	Pablo Gonzalez Riera		梁山	郭丹
李硕	石圻	周维	斐瑜	陈天乐	郭振鑫	丁旭芬	苏圣亮
杜士刚	杨宏	李文佳	许曳	盛泰	蔡勉	石延安	杨韬晖
许曦文	胡启明	单海东	何勇	吴健	张昊	董之平	李光耀
胡仙梅	高侦珍	林文明	叶力舟	张国浩	叶桂莹	许林峰	何静
郭燕玲	胡波	石涛	宋易昆	夏超	张天宇	高敏	王松
席宇	金博	郑均木	苏武顺				

实习生

闫俊／李嘉嘉／杨璇／顾利雯／黄龙昶／刘凌雪／王艺秀／董大伟／徐莹洁／于孟君／吴志洋／周画秋／王宇／梅富鹏／冯菲菲／吴蟠／杜米力／孙娜佳／刘辰君／周谷阳／陈军／梁欣婷／李浩然／张鹤译／郭瑛／吕顺／贾程越／王璐／程雨夕／ Ettore Santi ／金楚豪／张娉婷／周舟／黎剑波／杨凝秋／赵悦／姜萌／李哲健／戴乔奇／唐韵／胡佳林／祁茹丹／吴舒瑞／周怡彤／茹楷／瞿悠／杨榕／李亚东／闫爽／朱旭栋／张季／李振燊／孟醒／赵静蓉／孙幸远／谢陶／李昊／邓倩昕／李育倩／王晗／罗琪／付蓉／苏振强／肖载源／尚云鹏／李成／刘彤／闫爽／翁雯倩／叶晨辉／邹智乐／吕欣田／雷畅／朱靖丹／冯岭盛／郑静／何烨／付子会／颜文正／刘培彬／宋云帆／张宇／张胤娴／沙赫珺／朱琪琪／卜娴惠／干云泥／黄涵欣／吕海涵／矫磊／宋晓月／杨子宣／赫然／孙豪鹏／戚傲飞／文美慧／赵玲／黄春铃／高晨阳／徐静仪／马梓乔／石帅波／俞裕林／ Fillipa Wang ／李轩／张菡／贺文兴／侯鹏飞／陶柯宇／赵丹／王铭震／胡思媛／周言／宁李腾／方诗雨／陈霞霏／曾婧／来思宇／俞思雅／尚玉涛／陈思妮／李晶／李颖／瞿欣／孙颖／宋明杰／蒋再捷／火彦龙／陈昱锦／林颖／陈曦／徐友璐／卢思涵／胡成海

图片提供者

草图绘制者

P27、P45、P65、P85、P125、P149、P173、P193、P213、P231、P251：祝晓峰

建成照片

项目：胜利街居委会和老年人日托站
除下面注明的照片外，其余建成照的
摄影师均为：Jeremy Chen
P32 下、P34：苏圣亮 / 是然建筑摄影

项目：朱家角人文艺术馆
摄影：Iwan Baan

项目：格楼书屋
摄影：梁山

项目：浦东青少年活动中心及群众艺术馆
摄影：锐境建筑空间摄影

项目：金陶村村民活动室
摄影：苏圣亮 / 是然建筑摄影

项目：华东师范大学附属双语幼儿园
摄影：苏圣亮 / 是然建筑摄影

项目：上海谷歌创客活动中心
摄影：苏圣亮 / 是然建筑摄影

项目：连云港大沙湾海滨浴场
摄影：沈忠海

项目：云锦路活动之家
除下面注明的照片外，其余建成照的
摄影师均为：苏圣亮 / 是然建筑摄影
P204-205：梁山
P209 右上、P211 右下：祝晓峰

项目：九间廊桥
摄影：锐境建筑空间摄影

项目：东原千浔社区中心
除下面注明的照片外，其余建成照的
摄影师均为：苏圣亮 / 是然建筑摄影
P238-239、P248：东原设计

项目：深潜赛艇俱乐部
摄影：苏圣亮 / 是然建筑摄影

图书在版编目（CIP）数据

形制的新生：山水秀建筑作品选 / 祝晓峰编著 . --
上海：同济大学出版社，2021.11

ISBN 978-7-5608-9922-0

Ⅰ. ①形… Ⅱ. ①祝… Ⅲ. ①建筑设计 - 作品集 - 中
国 - 现代 Ⅳ. ① TU206

中国版本图书馆 CIP 数据核字（2021）第 196569 号

形制的新生

山水秀建筑作品选

祝晓峰 编著

策划出品：群岛 ARCHIPELAGO、光明城

出版人：华春荣

责任编辑：晁艳

特约编辑：辛梦瑶

平面设计：Next, Plz office、朱小叶

责任校对：徐逢乔

山水秀建筑事务所团队：祝晓峰、朱小叶、陈天乐

版 次：2021 年 11 月第 1 版

印 次：2021 年 11 月第 1 次印刷

印 刷：上海安枫印务有限公司

开 本：889mm ×1194mm 1/16

印 张：18.75

字 数：600 000

书 号：ISBN 978-7-5608-9922-0

定 价：268.00 元

出版发行：同济大学出版社

地 址：上海市四平路 1239 号

邮政编码：200092

网 址：http://www.tongjipress.com.cn

本书若有印装问题，请向本社发行部调换